地面气象观测自动化技术手册

王建凯　赵志强　刘钧　谭龙　主编

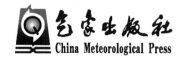

气象出版社
China Meteorological Press

内容简介

本书涵盖了近几年来地面气象观测技术和业务的最新进展,内容包括云、能见度、天气现象、固态降水等新型观测技术,介绍了主要设备的原理、结构、功能、安装、操作、维护、维修和观测场工程建设等方面的知识和要求,重点讲述了地面气象观测业务软件使用和设备故障诊断。附录部分提供了地面气象观测站布局设计图,列举了台站地面气象观测业务软件常见问题解答,便于观测业务人员参考查询。本书适合广大地面气象观测台站业务人员、各级装备保障和业务管理人员学习和使用,也可作为县级综合业务人员素质和能力的培训教材。

图书在版编目(CIP)数据

地面气象观测自动化技术手册/王建凯等主编.
— 北京:气象出版社,2014.8(2020.4重印)
ISBN 978-7-5029-5975-3

Ⅰ.①地… Ⅱ.①王… Ⅲ.①地面观测-气象观测-
技术手册 Ⅳ.①P412.1-62

中国版本图书馆 CIP 数据核字(2014)第 170204 号

出版发行:气象出版社				
地　　址:北京市海淀区中关村南大街 46 号		**邮政编码**:100081		
电　　话:010-68407112(总编室)　010-68408042(发行部)				
网　　址:http://www.qxcbs.com		**E-mail**:　qxcbs@cma.gov.cn		
责任编辑:林雨晨　吴庭芳		**终　审**:周诗健		
封面设计:易普锐创意		**责任技编**:都　平		
印　　刷:三河市君旺印务有限公司				
开　　本:787 mm×1092 mm　1/16		**印　张**:12.75		
字　　数:320 千字				
版　　次:2014 年 8 月第 1 版		**印　次**:2020 年 4 月第 2 次印刷		
定　　价:45.00 元				

《地面气象观测自动化技术手册》
编 委 会

主　编：王建凯　赵志强　刘　钧　谭　龙

编　委：王晓江　冯冬霞　张　帆　张　宇

　　　　查亚峰　徐明芳　李艳萍　殷明杰

　　　　覃　伟　吴　勇　李　楠　白陈祥

　　　　毕　楠　杨志勇　陈为超　李　艳

　　　　李　林　庞文静　郭　伟　杨　宁

前　言

　　构建世界先进的现代气象业务体系,综合气象观测是基础。加快实现地面气象观测自动化是综合气象观测现代化的重要组成部分和前提。近年来,地面气象观测技术发展迅速,业务改革取得显著成效,受到广大基层观测人员的欢迎,也给从业人员知识结构和工作能力带来了新的挑战。《地面气象观测自动化技术手册》包括了近几年来地面气象观测技术和业务的最新进展,内容涵盖了云、能见度、天气现象、固态降水等新型观测技术,介绍了主要设备的原理、结构、功能、安装、操作、维护、维修和观测场工程建设等方面的知识和要求,重点讲述了地面气象观测业务软件使用和设备故障诊断。《手册》附录提供了地面气象观测站布局设计图,列举了台站地面气象观测业务软件常见问题解答,便于观测业务人员参考查询。《手册》较为全面地涵盖了地面气象观测业务的内容,适合广大地面气象观测台站业务人员、各级装备保障和业务管理人员学习和工作使用,也可作为县级综合业务人员素质和能力的培训教材。

　　《手册》主要由从事地面气象观测自动化工作的技术研发、试点台站和业务管理人员编写,历时两年多,经多方征求意见,反复修改完善后定稿。由于地面气象观测自动化技术业务应用时间短,编者可参考材料少,涉及内容广泛以及时间仓促等原因,《手册》中不足之处在所难免,欢迎读者提出意见和建议,以便再版时修订。

　　本手册在编写过程中得到了广西壮族自治区气象局、中国气象局北京城市气象研究所和华云升达(北京)气象科技有限责任公司的帮助和支持,在此表示衷心感谢。

编者

2014 年 7 月

目　录

一、通用篇

二、SMO 篇

三、MOI 篇

四、MOIFTP 篇

第 1 章　地面气象观测系统

1.1　概述

1.1.1　系统组成

国家级地面气象观测站的地面气象观测系统主要由自动化观测设备和软件平台组成。观测设备包括开展气温、气压、空气湿度、风向风速、降水、地温、能见度等常规观测的自动气象站,以及天气现象观测设备、云观测设备、太阳辐射观测设备和硬件集成控制器。目前在国家级地面观测站使用台站地面综合观测业务软件(ISOS-SS)、地面观测业务软件(Operational Software for Surface Meteorological Observation,OSSMO)作为观测站地面气象观测软件平台。

在自动化观测设备建设过程中,观测站采用自动化观测与人工观测相结合的方式完成观测任务。在观测业务实现自动化观测后,能够提高气象观测的时、空密度,改善地面气象观测质量和可靠性,保证地面气象观测数据的可比性要求。原有的观测员转型成为气象综合业务员,承担县级气象局预报、服务和观测业务任务。

1.2.1　主要功能

(1)设备级观测数据采集和处理

自动气象站数据采集功能就是采集要观测的气象要素值。通常是由传感器将气象要素量感应转换成一种电参量信号(电压、电流、频率等)。再由采集器按一定的采样频率对代表气象要素量的电量信号量进行采样,自动气象站的采集器将采集到的代表气象要素量的电信号样本经运算处理转换成要观测的气象要素值。这种运算处理一般包括测量、计数、累加、平均、公式运算、线性处理、选极值等。

云、天气现象、辐射等不同种类的观测设备各自带有数据处理单元,直接将电信号样本经运算处理转换成要观测的气象要素值。

硬件集成控制器将观测场的自动气象站、云高仪、天气现象仪、辐射站等各类地面气象观测设备的观测结果传输至地面气象观测软件平台。

(2)软件平台级数据处理和存储

软件平台数据处理主要包括数据质量控制、人工观测数据采集、天气现象综合识别和基本观测数据产品制作等。数据质量控制功能是为保证观测数据质量,采集器所要完成的观测数据差错检测和标示工作,一般包括采样值的质量控制和观测值的质量控制。通常是检查数据的合理性和一致性,再根据检查的结果对被检查的数据按规定的判据做出取舍和标示处理。

天气现象综合识别是利用自动化采集的各类观测要素通过逻辑判别得出天气现象种类。

观测设备采集器(数据处理单元)自带有数据存储功能,通常能够存储若干年的观测数据,这些设备存储的观测数据未经过台站较为完整的质量控制,一般不能作为正式业务数据在预报、服务等业务中应用。

软件平台具备台站级数据存储的功能,能够按照软件设定把相应处理过的观测数据存储在指定目录。由于某种原因使微机终端有段时间未能存取数据时,事后软件平台可通过向采集器调取所需的数据再补充并进行数据处理和存储。

(3)软件平台的其他功能

软件平台还具备基本参数输入、观测元数据输入、数据产品显示分析、数据质量控制反馈、运行监控、编发气象报告、编制气象报表等功能。

运行监控功能是显示和调用观测设备一些关键节点的状态数据(如传感器状态、采集器测量通道、传输接口、供电电压、机箱内温度等),以帮助判断设备的运行情况和出现故障的可能部位。

1.2 DZZ5 型自动气象站

1.2.1 概述

新型自动气象(气候)站基于现代总线技术和嵌入式系统技术构建,采用了国际标准并遵循标准、开放的技术路线进行设计(图 1-1),它由硬件和软件两大部分组成。硬件包括传感器、采集器(1 个主采集器和若干个分采集器)、外部总线、外围设备四部分;自动站软件主要指采集器内的嵌入式软件。

新型自动气象站原设计将云、天气现象等观测设备直接作为智能传感器通过 CAN(控制器局域网络,Controller Area Network)总线方式接入,实现集约化观测。在云自动化观测设备研发过程中,增加了较多的图像信息等大文件传输的要求,同时考虑台站对新型自动站嵌入式软件修改和升级的困难,对原有接入方法进行了修改。

现有的接入方式是在观测场增加硬件集成控制器,将新型自动气象站、天气现象仪、激光云高仪等设备直接接入硬件集成控制器,通过硬件集成控制器统一传输至终端计算机地面气象观测业务软件(ISOS-SS)。

1.2.2 采集器

(1)主采集器

主采集器是自动气象站的核心,由硬件和嵌入式软件组成。硬件包含高性能的嵌入式处理器、高精度的 A/D 电路、高精度的实时时钟电路、大容量的程序和数据存储器、传感器接口(表 1-1)、通信接口(表 1-2)、CAN 总线接口、外接存储器接口、以太网接口、监测电路、指示灯等,硬件系统能够支持嵌入式实时操作系统的运行。主采集器采用 Linux 系统平台。

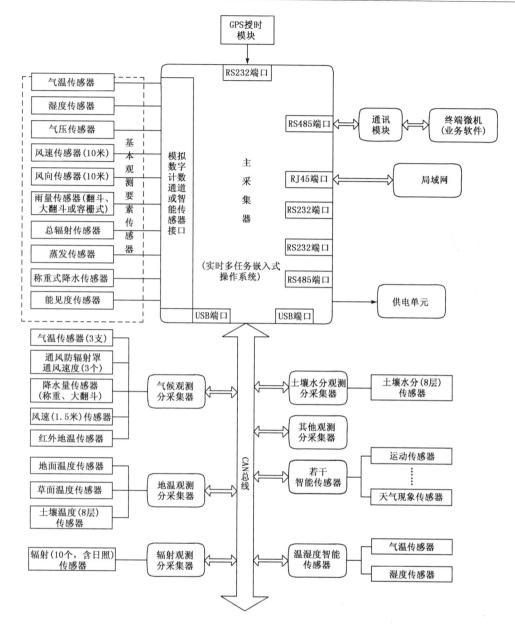

图 1-1　新型自动气象站逻辑结构

表 1-1　主采集器的测量通道配置

传感器类型	通道类型	数量
气温	模拟(铂电阻)	1
湿度	模拟(电压)	1
气压	RS232	1
风向	数字(7 位格雷码)	1
风速	数字(频率)	1
降水量	数字(计数)	1
蒸发量	模拟(电流)	1
渐近开关	数字(电平)	1

表 1-2　主采集器的通信接口配置

通信接口	用途	数量
CAN	主、分采集器通信	1
RS232	终端操作	2
RS232	GPS 对时	1
RS485	业务计算机通信	1
RJ45	业务计算机通信或远程	1

主采集器配置 1 个调试串口 RS232-D,使用串口调试线连接主采集器的调试串口和 PC 机的 RS232 串口;设置 PC 机的串口通信参数 9600,N,8,1;终端计算机运行串口通信软件,即可实现主采集器与 PC 机之间的数据通信。

主采集器测试命令格式:GETDEBUG10!

返回数据格式:

20130826080346　27.9　0.0　−1433.9447021　0.0　0.0　238.0　0.0　0.0 11856.6894531　26.5

该数据格式表示:

年年年年月月日日时时分分秒秒　温度　湿度　辐射　蒸发　风速　风向　门控　雨量 主板电压

主板温度

(2)分采集器

分采集器由硬件和嵌入式软件组成。硬件包含高性能的嵌入式处理器、高精度的 A/D 电路、高精度的实时时钟电路、大容量的程序存储器、参数存储器、传感器接口、通信接口、CAN 总线接口、监测电路、指示灯等(表 1-3)。

表 1-3　各分采集器的通信接口和测量通道配置

分采集器	至少可挂接传感器	接口数(个)		模拟量
		CAN 总线	RS232	
辐射观测	总辐射、直接辐射、反射辐射、散射辐射、紫外辐射 A、紫外辐射 B、大气长波辐射(含腔件温度)、光合有效辐射、地球长波辐射(含腔件温度)、日照	1	1	12 其中: 10 差分
地温观测	地表温度(铂电阻)、草面温度、土壤温度(5cm、10cm、15cm、20cm、40cm、80cm、160cm、320cm)	1	1	12 (差分)
土壤水分观测	5cm、10cm、20cm、30cm、40cm、50cm、100cm、180cm 等层次	1	1	12 (差分)
海洋气象观测	表层海水温度、海盐、海表波高、海表流速流向、水质、浮标方向	以智能传感器数定	1	—
智能传感器观测	地下水位、积雪、电线积冰、闪电频率	以智能传感器数定	1	—

注:部分分采集器目前还未在业务中使用。

每种分采集器都配置 1 个调试串口,使用 DB9 型双母头交叉线连接分采集器的调试串口和 PC 机的 RS232 串口;设置 PC 机的串口通信参数 9600,N,8,1;终端计算机运行串口通信软件,即可实现主采集器与 PC 机之间的数据通信。

测试命令为 GETDEBUG10!

1.2.3　传感器

(1)气温传感器

铂电阻 HY-T 型温度传感器(表 1-4)用以测量空气温度。热敏元件为铂电阻传感器 Pt100,感应部件位于传感器顶端,该传感器根据不同需求,可分别用作空气温度的测量或地温的测量,其安装方式也因此有别。空气温度测量传感器安装于温湿度通风罩或百叶箱内。土壤温度通常需与地温变送器配合使用。

表 1-4　气温传感器技术规格

参数	指标	说明
精度	±0.2℃	
灵敏度	0.385Ω/℃	
测量范围	−40～+80℃	
尺寸	直径 5mm,长 130mm	标配尺寸

(2)空气湿度传感器

HMP155 温湿传感器(表 1-5)用来同时测量相对湿度和空气温度。测湿元件是聚合物薄膜电容传感器 HUMICAP180。供电电源为 +7～35VDC。测温元件是铂电阻传感器 Pt100。感应部件位于传感器杆头部,外有一层滤膜过滤罩保护。由于测温部分精度低于铂电阻 HY-T 型温度传感器,自动气象站采用了后者的气温观测结果。

表 1-5　空气湿度传感器技术规格

参数	指标	说明
湿度		
测量范围	0～100%RH	
输出	0～100%RH,对应 0～1VDC。	
精度	±2%RH(0～90%RH) ±3%RH(90%～100%RH)	(+20℃)
稳定性	优于 1%/a	
温度特性	±0.05%RH/℃	
响应时间	15s 带保护罩	(90%,+20℃)
温度		
测量范围	−50～+60℃	
输出	四线制电阻值	
元件类型	Pt100	

参数	指标	说明
	整体	
工作温度范围	−40～+60℃	
贮存温度范围	−40～+80℃	
供电	7～35VDC	
功耗	＜4mA	
输出负载	＞10kΩ	
重量	350g	
电缆长度	3.5m	

（3）气压传感器

PTB210 系列数字气压表可有不同的压力范围（表 1-6），分为两种基本型。数字输出对应大气压：500～1100hPa，50～1100hPa；模拟输出对应大气压：500～1100hPa，模拟输出 0～5V和 0～2.5V。

表 1-6　气压传感器技术规格

参数	指标	说明
测量范围	50～1100hPa	串口模式
	500～1100hPa	模拟模式
测量精度	±0.15hPa	串口模式
	±0.20hPa	模拟模式
串行输出	RS232,RS485 可选	
模拟输出	0～5VDC,0～2.5VDC	

（4）风传感器

EL15 风传感器由 EL15 风向传感器和 EL15 风速传感器组成（表 1-7）。

表 1-7　EL15 风向风速传感器技术规格

参数	指标	说明
	风向	
测量范围	0°～360°	
响应灵敏度	0.5m/s(30°偏角)	
工作电源	+5VDC	
分辨率	3°	
精确度	±5°	
输出	7 位格雷码	5V 输出
抗风强度	75m/s	
工作环境	−40～60℃、0～100%RH	

续表

参数	指标	说明
	风速	
测量范围	$0\sim60$m/s	
分辨率	0.05m/s	
起动风速	不大于 0.3m/s	
精度	±0.3m/s(风速小于 10m/s 时) ±3m/s(风速大于 10m/s 时)	
抗风强度	75m/s	
距离常数	2.0m	
传感器输出	$0\sim1221$Hz 方波	
特性	线性	
工作电源	$+5$VDC	
加热器电源	24V/25W	
电连接	Binder 5 芯电缆	
工作温度	$-40\sim+60$℃	(选配加热器)
尺寸与重量	226mm(H)×70mm(L);1000g	
杯轮扫描直径	319mm	

　　EL15 风速传感器的感应元件为三杯式回转架,信号变换电路为霍尔开关电路。在水平风力的作用下,风杯组旋转,通过主轴带动磁棒盘旋转,其上的 36 个磁体形成 18 个小磁场,风杯组每旋转一圈,在霍尔开关电路中感应出 18 个脉冲信号,其频率随风速的增大而线性增加。

　　EL15 风向传感器是利用一个低惯性的风向标部件作为感应元件,风向标部件随风旋转,带动转轴下端的风向码盘,此码盘为格雷码。传感器的输入和输出均采用瞬变抑制二极管进行过载保护。外部零件选用耐腐蚀的材料制造并喷涂层保护,密封采用迷宫结构和 O 形环保仪器内部的敏感原件不受恶劣环境影响。

　　(5)蒸发传感器

　　AG 型超声波蒸发器(表 1-8)是根据超声波测距原理,选用高精度超声波传感器,精确测量超声波传感器至水面距离并转换成电信号输出,可即时测出蒸发量。

表 1-8　蒸发传感器技术规格

参数	指标	说明
测量范围	$0\sim98.1$mm	
灵敏度	小于 0.15%	
线性	$\pm0.5\%$	
最大允许误差	$\pm15\%$(满量程)$\pm1.5\%$	
输出	$0\sim5$V(最小负载电阻 1kΩ)	AG2.0 型
	$0\sim10$V(最小负载电阻 1kΩ)	AG2.0A 型
	$4\sim20$mA(最大负载电阻 500Ω)	AG2.0B 型

参数	指标	说明
最高水位刻度 输出量	0V	AG2.0 型、AG2.0A 型
	4mA	AG2.0B 型
最低水位刻度 输出量	5V	AG2.0 型
	10V	AG2.0A 型
	20mA	AG2.0B 型
电源	10~15VDC	
电源功耗	不大于 200mA	10V
	不大于 100mA	15V
工作温度	0~+50℃	
电缆长度	5m	

　　超声波蒸发器和 E-601B 型蒸发桶、水圈等配套使用。AG2.0 型超声波蒸发器是在 AG1.0 型超声波蒸发器基础上通过改善测量环境从而提高了测量精度。AG2.0 超声波蒸发器由超声波传感器、不锈钢测量筒、百叶箱以及铝塑管、管件等组成。

　　百叶箱安置在蒸发桶正北方向,百叶箱内放置不锈钢测量筒,蒸发桶和不锈钢测量筒之间用铝塑管和管件等连接,组成一个连通器。蒸发桶的水位和不锈钢测量筒的水位是一致的,不锈钢测量筒上放置超声波传感器,不锈钢测量筒上测量的蒸发量等同于蒸发桶上的蒸发量。

　　由于超声波传感器放置在百叶箱内,避免了高温暴晒,测量环境有了很大的改善,较大幅度提高了测量精度。不锈钢测量筒的水位是通过铝塑管连接到蒸发桶,由风引起水位波动也有了很大的改善,同样提高了测量精度。

　　(6)雨量传感器

　　SL3-1 型雨量传感器(表 1-9)用来测量地面降雨。仪器感应器用二芯电缆连接,输出机械触点信号(干簧管)。SL3-1 型雨量传感器由承水器、上翻斗、计量翻斗、计数翻斗等组成。

　　雨水由承水口汇集,进入上翻斗。上翻斗的作用是减小降水强度的影响,使降水强度近似大降水强度,然后进入计量翻斗计量,计量翻斗翻动一次为 0.1mm 降水量。随之雨水由计量翻斗倒入计数翻斗。在计数翻斗的中部装有一块小磁钢,磁钢的上面装有干簧管开关,计数翻斗翻转一次,则开关闭合一次,由开关的闭合送出一个信号。输出信号由红黑接线柱引出。

表 1-9　雨量传感器技术规格

参数	指标	说明
承水口径	∅200mm	
环境温度	0~+60℃	
分辨率	0.1mm	
测量范围	0~4mm/min	
测量允许误差	±4%	
输出信号	脉冲(1 脉冲=0.1mm 降水)	

1.2.4　电源系统

DZZ5 型自动气象站的电源系统,分为交流供电、太阳能供电和交流加太阳能供电三种供电方式(图 1-2)。

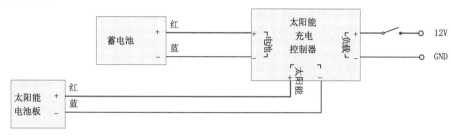

图 1-2　DZZ5 型自动气象站的电源系统

太阳能电池板是自动站电源系统中的核心部分,它作用是将太阳的辐射能力转换为电能,为蓄电池充电,同时当电池电压不足时,为自动站提供工作的能量。电池为铅酸免维护电池,这种电池由于自身结构上的优势,电解液的消耗量非常小,在使用寿命内基本不需要补充蒸馏水。它还具有耐震、耐高温、体积小、自放电小的特点。使用寿命一般为普通蓄电池的两倍。免维护电池应置于电池机箱内,将电池箱以平行于温湿度横臂的方向,固定在主机箱下方,立杆第一段的二分之一靠下处。注意:电池的更换周期一般为 2 年,到期需更换电池。电源控制器是专为野外环境工作、无人值守的自动站而设计。可为传感器及自动气象站系统供电,它通过太阳能电池输入,以 +12V 直流电源形式输出,具有抗干扰,防雷击等功能。该电源工作时,对 12V 铅酸电池控制充电,使其充电控制在 10.8~13.8 之间,不间断地向负载供电。

交流供电电源系统由四部分组成(图 1-3),分别是空气开关、防雷器、电源控制器和免维护电池。系统中使用的电源控制器,是采用传导冷却方式的 AC/DC 线性电源,以可靠性高和纹波电压小为特长,因而适用于各种模拟电路、A/D 转换、各类放大器及高精度测量仪器设备中。

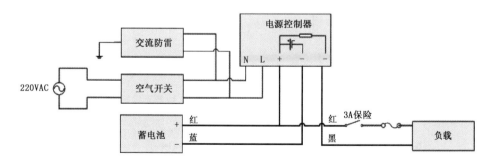

图 1-3　交流电供电示意图

太阳能加交流电供电系统(图 1-5),一般作为 DZZ5 自动气象站系统总电源方式使用。采用独立电源系统机箱设计方式,并另外安装在单独的立杆上。主电源系统分别向主采集器系统、能见度、天气现象、串口通信服务器等子系统供电。

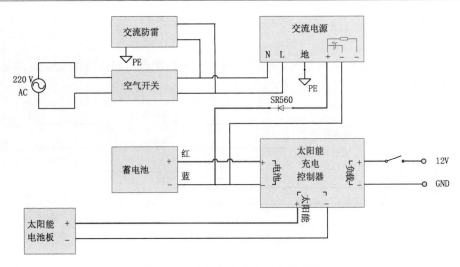

图 1-4　太阳能加交流电供电示意图

1.2.5　通信系统

　　DZZ5 型自动气象站的数据通信系统,可以根据实际使用需求采用不同的数据通信方式。可以采用串口通信方式、光纤通信方式、串口服务器通信方式和无线数据通信方式四种通信方式中的一种。

　　直接通过串口连接的方式(图 1-5),并配置长线电缆,实现采集器与终端计算机之间数据传输通信。在采集器端和终端计算机端,分别配置串口隔离驱动器,提高串口的长线通信能力,实现采集器与终端计算机之间的直连。

串口通信方式

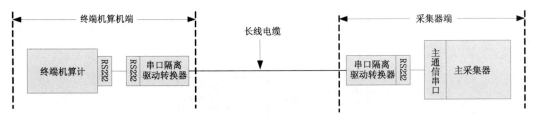

图 1-5　直接通过串口连接方式示意图

通过光纤连接方式(图 1-6),并配置光纤,实现采集器与终端计算机之间数据传输通信。

光纤通信方式

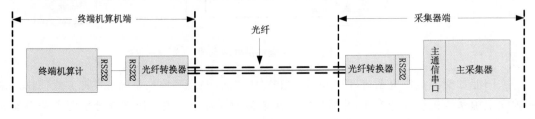

图 1-6　光纤连接方式示意图

通过串口通信服务器的连接方式(图 1-7),并配置光缆,实现采集器与终端计算机之间数据传输通信。

图 1-7　串口通信服务器通信方式示意图

通过无线数据传输连接方式,并配置光缆,实现采集器与远程中心站计算机之间数据传输通信。

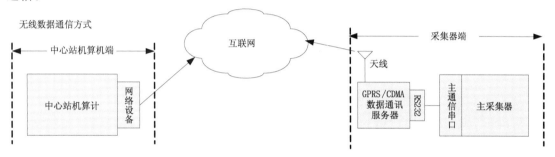

图 1-8　无线数据传输方式示意图

1.2.6　其他设备

主采集器配置 RS485 接口,支持本地通信。主采集器同时配置以太网接口(RJ45),以备接入本地局域网,可用于现场诊断维护或者是接入局域网提供 web 服务控制台。主采集器还配置了 RS232 接口,以备挂接 GPS 授时模块和通信模块,进行现场测试或软件升级。

采集器应具备通过外扩存储器(卡)的方式扩大本地数据存储能力,并将采集数据以文件方式进行存储。

串口隔离器采用光电隔离技术(表 1-10),成对使用,可以加强 RS232 信号强度和传输距离。

表 1-10　串口隔离器技术规格

参数	指标	说明
通信距离	≤1000m	9600bps
最高速率	19.2Kbps	
瞬间隔离电压	≤1500V	
持续隔离电压	≤1000V	
隔离电阻	≥1000MΩ	
工作温度	−15～70℃	
工作相对湿度	≤90%	

1.3　固态降水观测设备

1.3.1　设备结构

地面气象观测系统对降雪、冰雹等降水的观测采用称重式降水传感器(图 1-9),传感器在冬季可直接替代翻斗式雨量传感器(切换的时间由当地气候条件确定)。传感器主要由承水口、外壳、内筒、载荷元件及处理单元、底座组件、防风圈等部件组成。

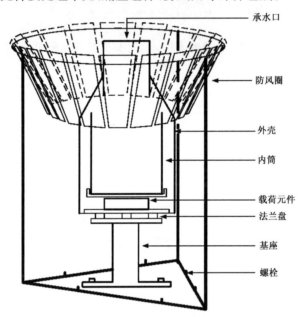

图 1-9　称重式降水传感器结构图

承水口形状为内径 200mm 的正圆,口缘呈内直外斜刀刃形,采用铜、铝合金或不锈钢材料制作,以防雨滴溅失和桶口变形,保证承水口采样面积;外壳的外形设计呈"凸"字形,具有上部窄下部宽的特点,可起到防风和减少蒸发的作用。传感器外壳和基座颜色均为白色;内筒用于收集降水,盛装防冻液和抑制蒸发油。为方便清空容器内液体,必须配有辅助排水装置;载荷元件用于测量重量变化,处理单元对载荷元件的信号进行采样,并对采样值进行数据运算处理,计算出分钟降水量和累计降水量,并实现质量控制、记录存储、数据通信和传输等功能;底座组件包括底盘、基座和法兰盘等,可以通过选择不同高度的基座改变承水口距离地面的高度;防风圈采用金属材质,表面喷涂防腐蚀、防氧化材料白色涂层(图 1-10)。

1.3.2　工作原理

称重式降水传感器的测量原理是通过对质量变化的快速响应测量降水量(表 1-11),基本原理见图 1-11。称重测量技术主要有两种,一种是基于电阻应变技术:敏感梁在外力作用下产生弹性变形,使粘贴在它表面的电阻应变片也随同产生变形,电阻应变片变形后,它的阻值将发生变化,再经相应的测量电路把这一电阻变化转换为电信号,进而得到降水的质量;另一种是振弦技术:以弦丝为弹性部件,根据其所受拉力与振动频率的对应关系,通过相应的测量电路得到降水的质量。

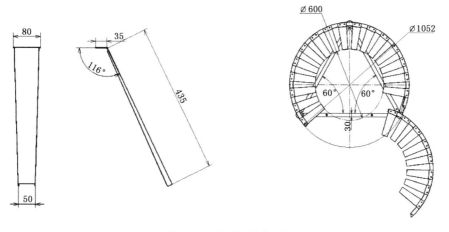

图 1-10　防风圈结构图

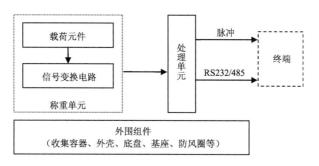

图 1-11　称重式降水传感器原理框图

表 1-11　称重式降水传感器主要技术指标

测量要素	测量范围	分辨力	最大测量误差	输出	供电
液态、固态和混合性降水	0～400mm	0.1mm	±0.4mm,≤10mm 时; ±4%,>10mm 时	脉冲输出和 RS232/485	直流 12V

1.4　降水现象观测设备

1.4.1　设备结构

降水现象仪(表 1-12)由硬件和软件两大部分组成。硬件包括传感器(如前向散射发射和接收装置,有的设备还配有感雨器、冲击传感器、微型气象传感器等)、数据采集器、处理器、外围设备三部分;软件包括采集软件和识别软件两部分。天气现象仪既可作为单一系统使用,也可整体作为传感器与自动气象站或串口服务器连接使用。

表 1-12　降水现象仪主要技术指标

测量要素	使用温度范围	测量准确度	资料输出频次	探测降水类型
降水类天气现象	−40～50℃	雨强大于 0.1mm/h 的降水识别准确率达到 70% 以上	1min	雨、毛毛雨、雪、雨夹雪、冰雹等

(1)前向散射发射和接收装置

前向散射发射和接收装置主要有发射组件、接收组件、遮光罩、转接件、连接件五部分。接收单元部分有控制主板。安装发射器部件和光电接收器部件,为了减小背景光干扰,在接收器对面设有遮光头罩。转接件主要作用是放置电路板,电源与信号的外部连接。连接件主要作用是将传感器固定于立柱上。

(2)感雨器

感雨器的探测面由电梳构成,其上覆盖有薄膜,内有加热部件。

(3)微型气象传感器

微型气象传感器主要包括温湿度传感器等,用于测量气温、相对湿度、气压、风力、风向等基本要素(可以系统自带,也可以利用自动气象站的观测资料)。

(4)冲击传感器

主要用来判别冰雹和辅助判别降水类型的装置。

1.4.2　工作原理

利用电容式感雨器结合气象要素综合判断降水类型。利用电容式感雨器上的薄膜对水分的敏感性及热敏管探测的降水信息;利用冲击传感器测得的冰雹和降水声学信息的差异,判断冰雹。

通过测量降水粒子下落速度和粒子半径判断降水类型。不同的降水粒子对应不同的下落末速度和粒子尺寸,通过测量雨滴的下降速度和颗粒大小,区分降水类型。

通过降水粒子光强闪烁判断降水类型。当光束在雨(或雪)中传播时,会因为吸收和散射现象损耗其能量,且会因介质的不规则性,使得光束波前发生畸变。在任一瞬间,各个雨滴在接收平面上形成各自的衍射图样,随着雨滴的下落运动接收平面上的衍射图样也移动,使探测器上的光强发生起伏变化。不同降水会产生不同的闪烁信号,光强闪烁与降水强度和降水粒子半径有关,对闪烁信号进行处理,即可获得降水类型。

1.5　前向散射能见度仪

1.5.1　设备结构

前向散射能见度仪(表 1-13,图 1-12)由硬件和软件组成。其硬件可分成传感器、采集器和外围设备三部分,其软件分为采集软件和业务软件两部分。其既可以作为独立设备与微机终端连接组成能见度自动观测系统,也可以作为能见度分采集系统挂接在其他采集系统上。

作为独立设备的前向散射能见度仪至少应包含以下三部分:传感器、采集器和支架。其中,传感器部分包括接收器、发射器和控制处理器等;采集器包括接口单元、中央处理单元、存

储单元等;支架部分包括立柱和底座。为保证设备良好运行还应包括供电电源、电源防雷器和
蓄电池等;且可选配无线通信模块。

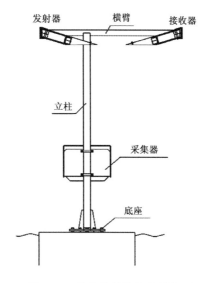

图 1-12　前向散射能见度结构图

表 1-13　前向散射能见度仪主要技术指标

测量要素	范围	最大允许误差	最高资料输出频次
能见度	10m～30km	$\pm 10\%(\leqslant 10km)$,$\pm 20\%(>10km)$	1min

1.5.2　工作原理

　　大气中光的衰减是由散射和吸收引起的,在一般情况下,吸收因子可以忽略,而经由水滴
反射、折射或衍射产生的散射现象是影响能见度的主要因素。故测量散射系数的仪器可用于
估计气象光学视程(meteorological optical range,MOR)。

　　前向散射能见度仪的发射器与接收器处于成一定角度和一定距离的两处。接收器不能接
收到发射器直接发射和后向散射的光,而只能接收大气的前向散射光。通过测量散射光强度,
可以得出散射系数,从而估算出消光系数。

　　根据柯什密得定律(Koschmieder's law)计算 MOR

$$MOR = \frac{-\ln\varepsilon}{\sigma} \tag{1-1}$$

式中,MOR 为气象光学视程,ε 为对比阈值,σ 为消光系数。

　　当 $\varepsilon=0.05$ 时,有

$$MOR \approx \frac{2.996}{\sigma} \tag{1-2}$$

从而可以得出气象光学视程。

1.6　激光云高仪

1.6.1　设备结构

激光云高仪(表 1-14,图 1-13)主要由测量单元、供电电源、通信单元、加热吹风装置、外壳(包括底座、支架)等部分组成。测量单元包括光学系统、发射器、接收器和控制处理器等。

表 1-14　激光云高仪主要技术指标

测量要素	范围	分辨力	最大允许误差	最高资料输出频次
云高	60m～7500m	1m	±5m	1min

(1)测量单元

测量单元包括发射单元、接收单元和控制处理器等。

发射单元主要由发射光学系统和发射器电路组成,通过机械装置固定在发射筒中,仪器工作时发出周期性的红外脉冲激光信号。

接收单元主要由接收光学系统和接收器电路组成,通过机械装置固定在接收筒中,仪器工作时接收大气回波信号。

控制处理器完成对发射器发射信号的监控与接收器接收信号的采集处理。

(2)通信单元

通信单元实现采集器与计算机、采集器与地面观测硬件集成控制器的连接设备。通信接口协议使用 RS232 或 RS485。

(3)加热吹风装置

机箱内吹风加热主要用于保证低温时发射器稳定工作。当设备内温度低于某阈值时机箱内部加热并吹风,当温度升高到某阈值后停止加热,延时 2 分钟后停止吹风。

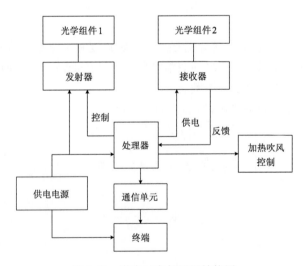

图 1-13　激光云高仪原理结构图

窗口吹风主要用于清除雪、霜、雨滴等。窗口污染值大于阈值时窗口内外风扇都吹风,污染值小于阈值时延时 2 分钟后停止吹风。

1.6.2　工作原理

激光云高仪是从地面向上空发射激光脉冲,通过接收大气对此光脉冲的后向散射达到探测分析大气在不同高度的组成成分,水汽成分对光的后向散射的贡献很大,从而可以分析出云底部反射的信息。

通过测量计算信号发射到接收到反射信息的时间可以计算出反射体(云底部)的距离,即为云高。

1.7　硬件集成控制器

1.7.1　设备结构

硬件集成控制器(表 1-15,图 1-14)作为地面气象观测系统综合集成的硬件平台的核心,主要任务是实现多个气象自动观测设备的集约化管理。综合集成硬件控制器由硬件和软件两部分组成。硬件分为通信控制模块、光电转换模块、交流防雷模块、供电单元及支架等,软件分为驱动程序和配置软件。

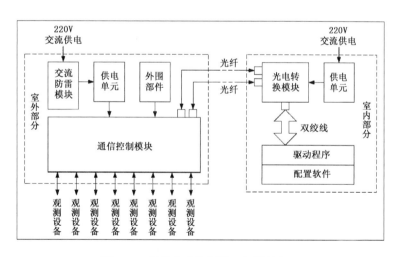

图 1-14　硬件集成控制器逻辑结构框图

表 1-15　硬件集成控制器主要技术指标

集成功能	扩展功能	接口类型
同时集成 8 种设备	通过级联可扩展至 16 路	RS232/485/422 接口、RJ45 接口、光纤接口、SD 卡插槽、USB 接口

1.7.2　工作原理

通过硬件集成控制器实现各观测设备观测数据到以太网传输模式的转换,再通过以太网光纤转换实现电信号和光信号的相互转换,最终实现所有观测设备仅通过一根光纤和终端计算机的数据传输,减少布线、提高地面气象综合观测系统的集成化程度、可扩展性能、稳定性、可靠性、观测数据的利用效率等。

　　硬件集成控制器通过通信控制模块完成各种观测设备数据的接收、存储,通信方式转换,光电隔离,串行通信转以太网通信,以太网通信转光纤通信等功能。

第 2 章　地面综合观测业务软件

2.1　组成结构

（1）软件功能

台站地面综合观测业务软件能够将云、天气现象等未实现自动观测的数据进行收集统计，并能够获取自动观测数据，对所有数据进行综合统计，可以按照相应的格式自动形成长 Z 文件、气候月报、地面月报表、地面年报表、辐射月报表、重要天气报和航危报等报表，将形成的文件以 FTP 的形式稳定上传。

（2）软件结构

台站地面综合观测业务软件（ISOS-SS）由采集（SMO）、业务（MOI）和传输（MOIFTP）三个独立软件模块构成，遵循总控集成、配置集成、支撑库集成的标准规范与框架，进行软件的设计和建设。

（3）运行环境

本软件运行选用高性能个人计算机，IntelCore Duo 以上 CPU（主频 2.0G 及以上），1G 以上内存，10/100M 网卡，120G 以上硬盘。软件环境为 Windows XP sp3、. net framework 4.0。

建议台站计算机配置 CPU 主频 2.4G 及以上，内存 4G 及以上，硬盘 160G 及以上，适合操作系统 Win7 专业版、旗舰版。建议安装正规杀毒软件。

2.2　软件安装

2.2.1　SMO 的安装

（1）安装. net Framework4. 0 运行软件需要安装. net Framework，若没有安装则提示框。需要安装. net Framework4. 0，去下载. net Framework 4. 0 安装即可。双击下载好的. net Framework 安装包，点击下一步。勾选"我接受许可协议种的条款"，点击"安装". net Framework 正在安装中，耐心等待安装完成。

（2）安装台站地面综合观测业务软件

双击打开台站地面综合观测业务软件安装文件，出现安装向导对话框，点击"下一步"（图 2-1）。

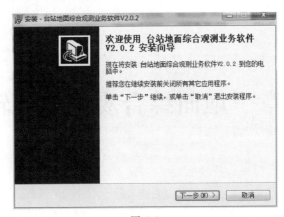

图 2-1

选择台站地面综合观测业务软件安装位置（图 2-2）。

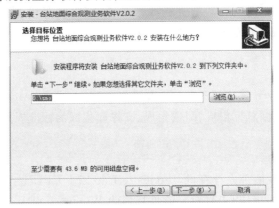

图 2-2

点击浏览出现浏览文件及对话框，选择想要安装的位置，点击"确定"（图 2-3）。

图 2-3

选择好安装位置,点击"下一步"(图 2-4)。

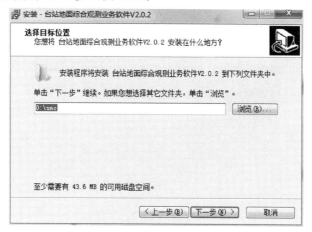

图 2-4

选择相应的省份,点击"下一步"(图 2-5)。

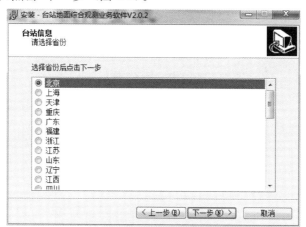

图 2-5

填写相应的台站号,点击"下一步"(图 2-6)。

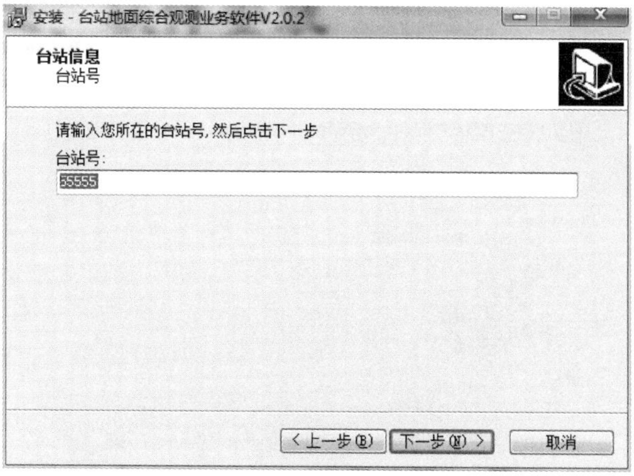

图 2-6

选择相应的组件,点击"下一步"(图 2-7)。

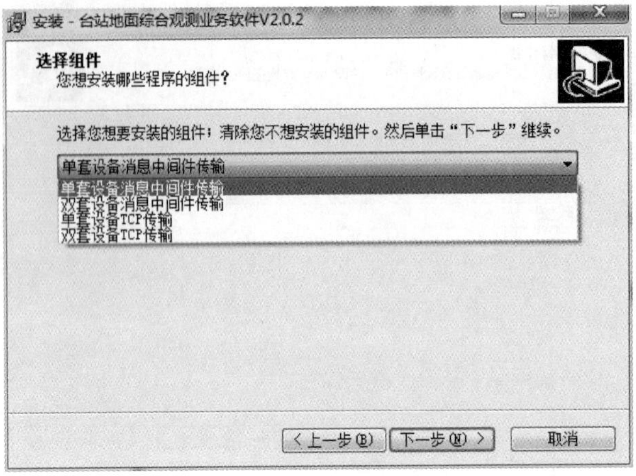

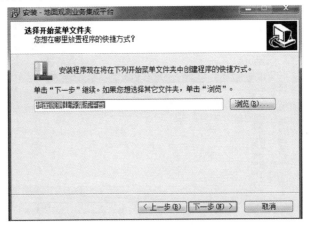

图 2-7

选择开始菜单文件夹,点击"下一步"(图 2-8)。

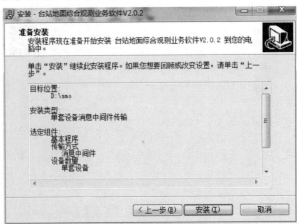

图 2-8

软件准备安装,点击"安装"(图 2-9)。

图 2-9

软件正在安装到您的电脑,进度条显示安装的进度(图 2-10),点击"取消"将取消安装。

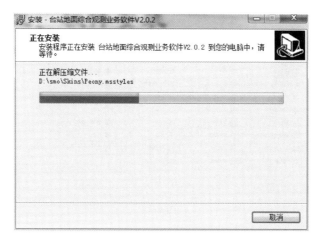

图 2-10

安装完成后,选择是否直接打开台站地面综合观测业务软件,点击完成即可(图 2-11)。

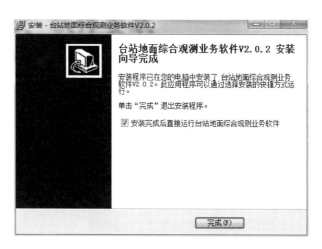

图 2-11

2.2.2　MOI 的安装

(1)安装前准备

Windows XP 系统上安装此程序可跳过此节,由于 Win 7 安全性权限控制的原因,在 Win 7 操作系统上安装程序之前,请按照以下步骤设置。

步骤一:打开控制面板,点击"用户账户"(图 2-12)。

图 2-12

步骤二：在打开页面中点击"更改用户账户控制设置"（图 2-13）。

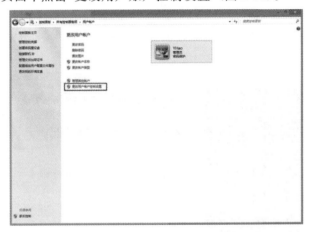

图 2-13

步骤三：在用户账户控制设置页面，做如图 2-14 的操作。

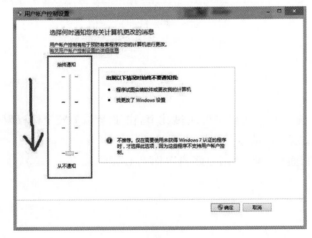

图 2-14

（2）软件安装

找到台站地面综合观测业务软件 Vx. x. x. x. exe 文件（x. x. x. x 是发布版本软件的版本号，根据不同发布版本这里显示不同），此文件是安装程序的执行文件，选中该文件双击鼠标左键，即弹出安装"试点台站业务应用版 x. x. x. x"安装向导窗口，如图 2-15 所示。

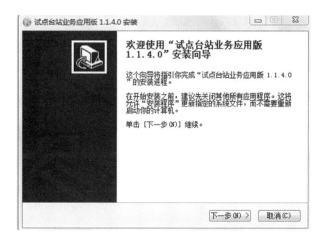

图 2-15

点击"下一步"，出现如图 2-16 所示界面，目标文件夹默认为"D：\ISOS"，如需更改，点击"浏览（B）…"，重新选择目标文件夹。

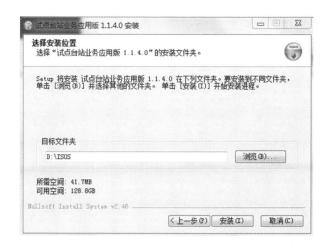

图 2-16

点击"安装"，在显示进度条期间，安装程序自动检查系统运行的需求，当进度条填充完成后，弹出如下图所示的界面。如需立即运行软件，可勾选"运行试点台站业务应用版"前面的复选框，点击完成即软件安装完成（图 2-17）。

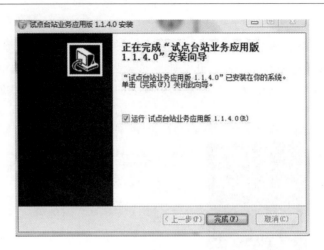

图 2-17

2.3　参数设置

2.3.1　基本参数和观测项目

基本参数、观测项目的设置为了满足不同台站业务的可定制性,保证系统正确进行气象观测要素采集、编报、发送的基础,在系统初次运行时要正确设置基本参数和观测项目内容。

点击主菜单"参数→台站参数"菜单打开参数设置界面,点击"基本参数、观测项目"选项卡页面,该页面也是默认页面。如图 2-18 所示。

图 2-18

（1）基本参数

主要用于设置台站的基本信息,包括区站号、台站地址、台站地理环境、台站经度、台站纬度、省档编号、所在省份、台站名、台站字母代码、台站类别、辐射站级别、人工定时观测次数、台站海拔高度、气压传感器海拔高度、风速器距地(台)高度、风向器距地(台)高度、平台距地高度、净表距地高度、直表距地高度、散表距地高度、反表距地高度。

（2）台站类别

按规定应该设置为基准、基本站（08 时,11 时,14 时,17 时,20 时为人工定时观测),一般站（08 时,14 时,20 时为人工定时观测）。

（3）人工定时观测次数

该参数是为报表使用,基准站是为 5 次,基本站是 3 次,一般站是 3 次。

台站海拔高度、气压传感器海拔高度、风速器距地(台)高度、风向器距地(台)高度、平台距地高度、净表距地高度、直表距地高度、散表距地高度、反表距地高度等项目,单位为米(m),精度精确到 0.1m。

（4）运行控制设置

根据业务形态的需要,满足业务的需要,设置如下系统参数,包括 Z 文件输出时间间隔,读取自动观测数据(补偿处理方式:重试次数,重试间隔),自动观测数据源选择(雨量,能见度),报警参数(大风、蒸发),加密观测和测站数据源目录路径。

（5）加密观测

加密观测包括降雪观测、能见度和电线积冰。当需要对某项进行加密观测时,勾选项相应项前的复选框即可启用加密观测。启用加密后,电线积冰和能见度每小时都能输入。其中如果启用降雪加密观测,则在正点数据维护界面中"积雪栏中加密周期和加密雪量"可人工录入选择和录入,否则禁止人工选择和录入。

（6）Z 文件输出时间间隔

加密 Z 文件的自动编报和发送的时间间隔,默认 5 分钟,各台站可根据国家标准进行设置。

（7）自动观测数据源选择

雨量数据来源可选择翻斗式雨量计或称重式雨量计,能见度数据来源可选择独立能见度和新型站能见度。

（8）报警参数

目前包含大风和蒸发水位报警参数设置,大风报警参数设置值根据国家或者省市指定的标准,可输入多个报警边界值,之间用","隔开,例如(17,24)。蒸发水位默认(≤450,≥750)时提醒加水或取水,上下限值可根据各台站设备使用情况自行设置。

（9）读取自动观测数据

该选项设置是系统读取自动观测数据的补偿机制,防止因意外而在读取时间点上没有及时获取数据时,需要进行对数据重新读取,读取规则由重试次数和重试间隔来控制。一般重试次数默认是 3 次,重试间隔默认 15 秒。

（10）测站数据源目录路径

MOI 系统通过与 SMO 系统的文件接口获取自动观测要素数据,需要在这里设置 SMO 采集的自动观测要素的数据源文件路径。路径设置到区站号目录级别,例如 d:\smo\dataset1\北京\54511。（双套站设置见本节后面介绍）

（11）一般观测项目

为了适应基准、基本站和一般站不同业务的观测要求,对如下观测项目可以进行无、人

工、自动的设置,一般观测项目包括如下观测内容:

能见度、云量、云高、降水类现象、视程障碍类现象、其他天气现象、定时降水量、雪深、雪压、日照、冻土、电线积冰、地面状态、大型蒸发、小型蒸发、温度、湿度、气压、风、翻斗式雨量、称重式雨量、地面温度、草温、5cm 地温、10cm 地温、15cm 地温、20cm 地温、40cm 地温、80cm 地温、160cm 地温、320cm 地温。其中小型蒸发与大型蒸发观测项目不能同时开启。

(12)保存

设置完成后,需要点击"保存"按钮,才能生效。

(13)双套站

对于双套站的台站,可通过勾选"启用双套站"来启用,通过单选"A 站"或者"B 站"单选框来具体使用哪儿套站。(不启用双套站时,系统自动或在区站号目录级别的 AWS 目录下定位数据源,启用双套站后,根据设置系统会在区站号目录级别的 AWS_A 或者 AWS_B 目录定位数据源)。

(14)酸雨资料

这个配置是为了兼容酸雨软件(OSMAR2005),有酸雨观测的台站并且使用的酸雨软件是 OSMAR2005,请勾选"输出酸雨资料"此项;所在盘指的是酸雨软件安装的所在盘符,MOI 会自动在所在盘如选择 D:,则生成 D:\OSSMO 2004\BaseData 目录;在 02 时、14 时将 6 小时雨量和 10 分钟风向风速存入 BIIiiiMM.yyy;在 08 时、20 时将 12 小时雨量和 10 分钟风向风速也存入 BIIiiiMM.yyy,这些数据供酸雨软件观测时自动读取编报使用。

注:BIIiiiMM.yyy 中,B 是固定首字母,IIiii 是区站号,MM 是 2 位月份,yyy 是年份后三位并作为扩展名。

2.3.2　报文编发和数据备份

报文编发参数包括重要天气报、航空危险报和气候月报。在参数设置页面点击"报文编发参数"选项卡页,设置以下内容完成后,需要点击"保存"按钮,才能生效。如图 2-19 所示。

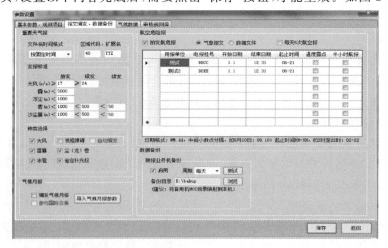

图 2-19

(1)重要天气报

文件名时间格式:分为按固定时间和按报文形成时间。在固定重要报发报时次时选择按固定时间,在非定时重要报发报时次选择按报文形成时间。

区域代码、扩展名:重要天气报编报内容中需要使用该区域代码和生成报文时需要使用该扩展名。

发报标准:

括号中的××数值根据国家或者省市的规定设置。

大风≥(××m/s)时需要始发,≥(××m/s)时续发,一天最多发两次。

霾<(5000m)时需要始发,一天最多只能发一次。

浮尘<(1000m)时需要始发,一天最多只能发一次。

雾<(1000m)时需要始发,<(500m)时续发,<(50m)再次续发,一天最多能发三次。

沙尘暴<(1000m)时需要始发,<(500m)时续发,<(200m)再次续发。

种类选择:

视程障碍:勾选该选项启用视程障碍类重要报的编发。

自动编发:勾选视程障碍项后,再勾选该选项可启动视程障碍类重要报的自动编发。

雷暴:勾选该项允许雷暴重要报的编发。

冰雹:勾选该项允许冰雹重要报的编发。

尘(龙)卷:勾选该项允许尘(龙)卷重要报的编发。

省定补充段:勾选该项允许省定补充段重要报的编发。

(2)航空危险报

航空危险报是给用报单位提供需要注意的危险天气现象。在表格中双击单元格的方式增加、修改和删除用报单位的相关设置(图 2-20)。

航空危险报

☑ 拍发航危报   ◉ 气象报文 ◯ 数据文件   ☐ 每天5次航空报

	用报单位	电报挂号	开始日期	结束日期	起止时间	温度露点	半小时航报
▶	测试	BBCC	1.1	12.31	06-21	☐	☐
	测试2	DDEE	1.1	12.31	06-21	☐	☐
						☐	☐
						☐	☐
						☐	☐
						☐	☐
						☐	☐
*						☐	☐

日期格式:MM.dd,中间小数点分隔,如9月10日:09.10;起止时间HH-HH,如2时至22时:02-22

图 2-20

是否拍发航危报:勾选该项允许航危报的拍发。

气象报文和数据文件:通过"气象报文"和"数据文件"两个单选框的勾选,设定航空报报文的生成格式规范,目前默认拍发航空报的报文格式是电码格式(气象报文)数据文件格式是新的航空报文件格式,各台站根据省市的业务规定自行设置。

每天 5 次航空报:选项"每天 5 次航危报",勾选上则每天仅在 08 时、11 时、14 时、17 时、20 时弹出界面提醒编发航危报;同时 MOIftp 也仅在这 5 个时次提醒编发。不勾选,则每个小时提醒。

用报单位设置：

发报局：航危报使用单位。

收报局：航危报发报单位。

开始日期：航危报拍发的起始日期。

结束日期：航危报拍发的截止日期。

起止时间：航危报拍发的在有效日期内的起止时间。

温度露点：航危报是否包含露点温度。

半小时航报：是否发送半小时航报。

（3）气候数据

编发气候月报：勾选该项允许气候月报的编发。

参与国际交换：勾选该项气候月报按国际交换的格式标准，否则气候月报按国内格式标准。

导入气候月报参数：导入气候月报编报使用的历史气候数据。第一次做气候月报需要先导入参数，导入的数据源可以是原有 OSSMO2004 系统中的 SysLib. mdb、MOI 系统中 ClimateMonthReportParas. Xml 的 xml 配置文件和 ParaLib. db 库。

历史气候数据根据国家或省市的规定，以 10 年，30 年或者 50 年为统计时间，为气候月报提供编制依据。通过"文发参数"中的导入"气候数据"的功能或在参数设置页面点击"气候数据"选项卡进入查看修改，或在参数设置页面点击"气候数据"选项卡进入查看修改，如图 2-21 所示。

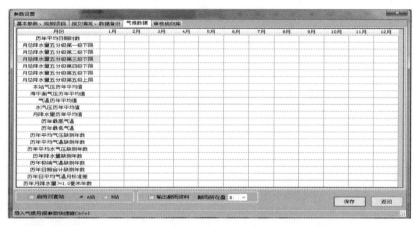

图 2-21

在该页中可以对历史气候数据进行修改（双击其中数据项的单元格）并保存。

历史气候数据主要包括：历年平均日照时数、月总降水量五分级第一级下限、月总降水量五分级第二级下限、月总降水量五分级第三级下限、月总降水量五分级第四级下限、月总降水量五分级第五级下限、月总降水量五分级第五级上限、本站气压历年平均值、海平面气压历年平均值、气温历年平均值、水汽压历年平均值、月降水量历年平均值、历年最高气温、历年最低气温、历年平均气压缺测年数、历年平均气温缺测年数、历年平均水汽压缺测年数、历年降水量缺测年数、历年极端气温缺测年数、历年日照合计缺测年数、历年日平均气温月标准差和历年月降水量≥1.0mm 的年数。

（4）数据备份

数据备份用于对数据进行每天或每小时备份，勾选启用备份前的复选框，可启用备份功能，备份间隔可以选择"每天"和"每小时"（默认每天），各台站可根据需要进行设置。点击"浏览"按钮，设置备份目录（建议：将备用机 MOI 目录映射到本机），设置完成后，点击"备份测试"进行备份测试，测试成功后，点击"保存"即可。备份时间为固定时次备份，每小时则在每个正点 12 分钟开始备份，每天在 08 时和 20 时的 12 分开始备份。备份内容为 MOI 安装目录下的 awsnet、awsdatabase 和 moirecord 三个目录。

2.3.3　审核规则库

审核规则库是提供给地面月报表和辐射月报表来审核数据的规则设置，通过在参数设置页面点击"规则审核库"选项卡页，如图 2-22 所示，规则审核库包含地面审核规则库，辐射审核数据两个选项卡页，默认是地面审核规则库。设置以下内容完成后，需要点击"保存"按钮，才能生效。

（1）地面审核规则库

地面审核规则库中的规则支持"导入"、"增加"和"删除"功能。

导入：选中"全部台站"根节点才可以从 OSSMO2004 中的 SysLib. mdb、MOI 系统的 Configure 目录下的 GeneralRule. xml 和 ParaLib. db 中导入，导入之后可修改各规则条目的值并保存。如：图 2-22 地面审核规则库设置。

增加：选中"全部台站"根节点才可以点击"增加"按钮，添加规则库所有规则条目并有默认值，可修改各规则条目的值并保存（图 2-22）。

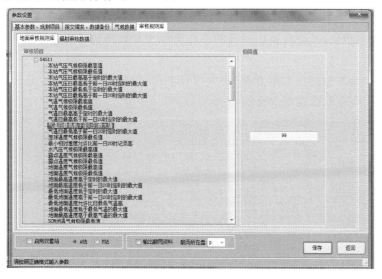

图 2-22　地面审核规则库设置

删除：选中"全部站台"和某台站（如：54511）的节点，才能删除全部台站或者某台站下的所有的规则库条目。

（2）辐射审核数据

辐射审核数据支持"导入"、"增加"和"删除"功能。

导入：选中"全部台站"根节点才可以从 OSSMO2004 中的 SysLib. mdb、MOI 系统的 Configure 目录下的 RadiationRule. xml 和 ParaLib. db 中导入，导入之后可修改各审核数据的值并保存。如图 2-23 所示。

增加：选中"全部台站"根节点才可以点击"增加"按钮，添加所有辐射审核数据条目并有默认值，可修改各条目的值并保存。如图 2-23 所示。

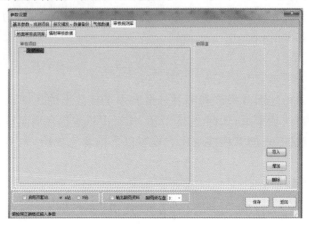

图 2-23

删除：选中"全部站台"和某台站（如：54511）的节点，才能删除全部台站或者某台站下的所有的辐射审核数据条目。

2.3.4 工作流程

设置每日工作步骤，系统会根据每日的工作流程在时间到达时给予提醒，方便测报员及时进行业务操作。

点击主菜单"参数设置→工作流程"菜单打开工作流程置界面，点击"工作流程和提醒"选项卡页面，该页面也是默认选项卡页面（图 2-24）。

图 2-24

测报业务工作流程安排的每条工作流步骤包含:序号、间隔、日期、时间、工作内容、提醒方式(窗口、声音、短信)内容项。

日期栏的填写方式:每小时、每天提示的日期栏可不填,每星期 0—6,每月 dd 或 dd1－dd2,每年 MM－dd。

时间栏的填写方式:hh:mm:ss,每小时填 00:mm:ss。

添加新行:会在现有测报业务工作流程的最后插入新的工作流步骤。

中间插行:会在当前选中一行的测报业务工作流步骤的上面插入新的工作流步骤。

删数据行:选中某条测报业务工作流步骤,点击此按钮可删除。

音频文件:是作为声音提示使用。可通过按钮选择自己喜欢的提示音乐。音乐格式支持 wav,wma 和 mp3 格式。

窗口提醒如图 2-25 所示。

图 2-25

事务提醒工作流程:每条工作流步骤包含名称、周期、日期、时间、提醒内容、提示方式(窗口、声音、短信、拨打手机号码)。

添加新行:会在现有事务提醒工作流程的最后插入新的工作流步骤。

删数据行:选中某条事务提醒工作流步骤,点击此按钮可删除。

2.3.5   值班信息

值班信息主要用于人员的安排、任务排版的设置,可点击主菜单“参数设置→值班信息”(图 2-26)。

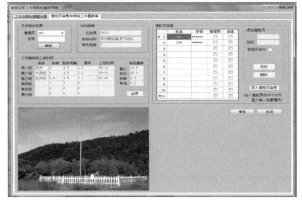

图 2-26

2.3.6　MOI 参数设置

（1）MOI 目录路径

为了读取 MOI 生成的文件，需要设置 MOI 目录。如果 MOI 是默认安装的路径设置如下：D:\ISOS\MOI。

如果是自定义路径安装的可以通过浏览方式找到 MOI 目录。

（2）主通道参数

分为重要天气报和 Z 文件两组参数。每组都有接收文件的服务器 IP 地址、远程文件目录、用户名、密码；设置好参数后必须通过 FTP 通信传输测试，如果测试不成功，有可能是参数配置不正确、通信链路不正常或服务器的 FTP 服务端软件没有开启等原因，要一步一步排查，只有测试成功才能正常传输文件。对于需要发送的通信链路每条都要进行测试。

（3）3G 应急后备参数

作为应急备份通道平常只进行通信链路监测，并不传输文件。一旦主通道通信异常不能传输文件的情况下自动切换到本通道发送文件。应急备份需要通信线路和硬件设备的支撑。如果没有配置相关的硬件请不要"启用"；否则软件会定时监测应急通道的通信状态，提示报警链路故障。

（4）3G 通信使用方法

3G 通信有三种推荐使用方法：

1）配置"3G 通信报警一体机"，与软件配套使用，3G 通信链路实时保持不间断，在提供 3G 移动通信的基础上还具备对自动站的监控，自动短信发送、语音电话拨打，停电自动报警等监控报警功能。

2）使用 USB 接口的 3G 上网卡，但是需要在计算机上安装配套的软件，先拨号上网才能传输，FTP 通信参数可以预先填入应急通道，也能进行应急通信，但有手工操作，通信链路并不实时在线，平常不用的时候不要将"启用"勾选。

3）通过外网有线通信传输，如果本站具有外网（通过 VPN）通信的条件，可以将应急通道的参数配置 VPN 通道接收服务器的通信参数。

以上应急备份通道都要在省信息网络中心开通应急备份接收的 FTP 服务器，并安装相关的转报程序，将接收的文件实时转到主通道接收的 FTP 服务器中。

（5）航空报参数

此功能是专门为承担航空报任务的台站提供的。可以通过"启用"此项发送功能，前提条件是：

全省统一由内网发送航危报，并以"航空天气（危险、解除）报告文件传输格式"传输的航危报，可以将 FTP 通信参数设置在第一行。

通过报文文件格式发送的航危报，也要通过内网统一发送省信息网络中心或传发的也可以启用此项功能，将 FTP 通信参数设置在第一行。

航空报中的"3G 后备"通道是在主通道故障的情况下，通过"3G 后备"通道进行航危报的传输。接收端需要配置转报程序，实时将转到主通道接收的 FTP 服务器中。

（6）第二通道参数

如果除了省级信息网络中心以外的其他内网用户单位（如市局）需要常规资料接收的可以

"启用"此项功能。主要将 FTP 通信参数填入对应的栏目中,将"启用"的复选框打上钩就可以了。在主通道发送完毕后在想第二通道传输常规数据文件(Z 文件、重要天气报等)。如果没有此需求的请不要"启用"。

开放参数修改权限

修改参数口令:dmqxgc

(7)软件监控功能

通信软件除了发送文件和监控通信网络状态以外,还提供了对业务软件的实时监控,一旦业务软件意外退出或没有运行就会自动将监控的软件启动,防止数据处理中断。在参数设置界面上的软件监控栏目中选好业务软件 SMO、MOI 的路径和文件名,将"启用"复选框打钩。

(8)报警手机号码设置

此功能是在安装了"3G 通信报警一体机"以后,配套设置的参数,可以将所有值班员的手机号设置上去,软件自动读取 MOI 的值班员信息,将手机号码自动对应到当前值班员,有报警信息或拨打语音电话都可以通过"3G 通信报警一体机"实现。同时要将短信模块连接的串口对应设置好,软件每次启动会自动检测模块的工作状态。

(9)正点 Z 文件发送时间设置

每小时正点 Z 文件需要通过人工质量控制维护以后才能发送,根据业务要求通常在 3~5 分钟以内完成人工的数据维护编报,这里的时间精确到秒,台站可以根据具体情况设置(图 2-27)。在这个时间点之前是不发送 Z 文件的,即使多次编报保存都不会形成更正报,但过了这个时间点,重新编报发送的话,就会自动形成更正报。

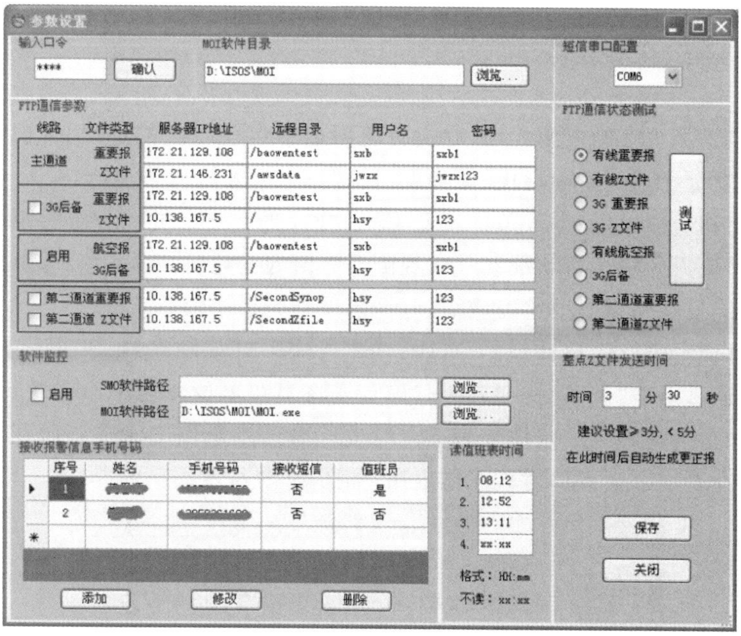

图 2-27

2.4　操作方法

2.4.1　日常观测与编报

观测与编报功能是测报员进行日常气象人工和自动观测、编发各类气象报文必须使用的重要模块，它主要包括正点观测编报、上传文件补调、重要天气报、航空危险报、气候月报、常规日数据、辐射日数据等基本功能。

MOI 运行主界面如图 2-28 所示。

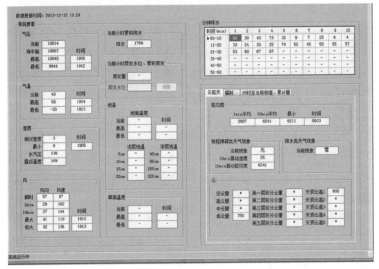

图 2-28

软件运行主界面是自动观测界面，它实时更新显示当前时次的气压、气温、湿度、风、小时降水量、小时蒸发量、地温、草面温度、能见度、视程障碍类天气现象、降水类天气现象、云量、云高、辐射和 20 时到当前极值、累计值的自动观测数据，便于测报员在非定时观测发报时间，监控自动气象软件数据采集运行状况和气象观测要素值的变化。

其中，最小能见度是指当前小时内 10 分钟能见度的最小值。

当向蒸发槽加水时，在"自动观测"页面中的"当前小时蒸发水位、累计蒸发"栏，会显示最新的蒸发水位，通过点击"调整"按钮，弹出"确实要将当前水位作为下个时次计算蒸发量用的水位吗？"，点击"是"，则将当前水位作为下个时次计算蒸发量用的水位。（"调整"按钮首次启动默认是灰显，在下一个正点的时候才能启用）如图 2-29 所示。

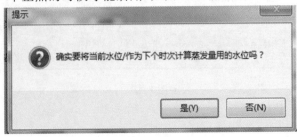

图 2-29

（1）正点观测编报

正点观测编报用于对定时记录的输入、记录和发报。尽管台站参数库设置了各定时的观测发报任务，系统自动在观测时间弹出该界面，但该菜单项也可通过点击"观测与编报（A）→正点观测编报 Ctrl＋A"菜单栏（或者通过快捷键方式"Ctrl＋A"）启动。在根据气发〔2013〕54号文《中国气象局关于县级综合气象业务改革发展的意见》，基准气候站和基本气象站可在 08时、11 时、14 时、17 时、20 时 5 个时次自动启动（基本气象站个别台站观测次数也是 08 时、14时、20 三个时次，根据台站实际要求观测次数设置参数），一般气象站可在 08 时、14 时、20 时 3个时次自动启动。在完成自动气象数据和人工气象数据录入后通过系统自动的数据质量控制，形成正确的 Z 数据文件，并在规定时限（目前 5 分钟一次，可根据参数修改）内自动通过FTP 方式上传 Z 数据文件。

点击主菜单"观测与编报（A）→正点观测编报 Ctrl＋A"或者通过快捷键方式"Ctrl＋A"，弹出交互窗口界面，如图 2-30 所示。

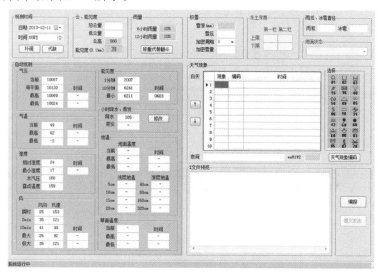

图 2-30

气象数据由自动气象观测数据和人工气象观测数据共同组成。其中自动气象要素的数据从 SMO 传送的气象要素数据中自动获得，人工气象要素数据由人工录入正点观测气象数据而获得。

自动观测：当 MOI 系统正常运行时，在正点观测时间，MOI 系统会自动打开正点人工录入界面，并自动获取自动观测数据。自动观测数据包含如下内容：

1）气压数据：本站气压、海平面气压、3 小时变压、24 小时变压、最高本站气压出现时间、最低本站气压出现时间。

2）气温和湿度数据：温度、最高温度出现时间、最低气温出现时间、24 小时变温、过去 24小时最高气温、24 小时最低气温、露点温度、相对湿度、最小相对湿度、最小相对湿度出现时间、水汽压。

3）累计降水和蒸发数据：小时降水量、过去 3h 降水量、过去 6h 降水量、过去 12h 降水量、过去 24h 降水量、小时蒸发量。

4)风观测数据:2min 风向、2min 平均风速、10min 风向、10min 平均风速、最大风速的风向、最大风速、最大风速出现时间、瞬时风向、瞬时风速、极大风速的风向、非自动观测风向。

5)地温数据:地表温度、地表最高温度、地表最高出现时间、地面表最低温度、地表最低出现时间、过去 12 小时最低地面温度、5cm 地温、10cm 地温、15cm 地温、20cm 地温、40cm 地温、80cm 地温、160cm 地温、320cm 地温、草面温度、草面最高温度、草面最高温度出现时间、草面最低温度、草面最低温度出现时间。

6)自动观测能见度数据:分钟平均水平能见度、10min 平均水平能见度、最小能见度(当前小时内 10min 能见度的最小值)、最小能见度出现时间。

小时内每分钟降水量、自动观测的云和天气现象。

修改:如果小时降水量需要修改,请点击"分钟"按钮,如图 2-31 所示。

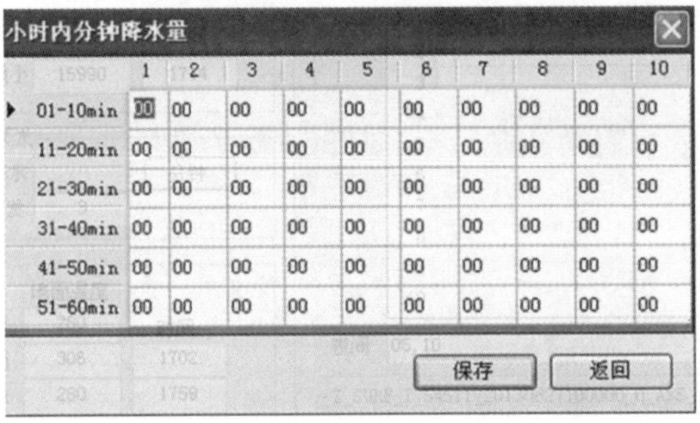

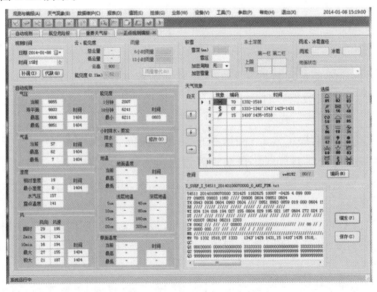

图 2-31

使用鼠标双击需要修改的分钟数据单元格,输入数据,点击"保存"即可;如果不需要修改数据点击"返回"按钮,返回到观测与编报界面。

补调:如需要获得某一时刻的自动观测数据,在日期时间栏输入正确的时间之后,点击"补调"便可获得,图 2-32 所示。

图 2-32

代缺：如果正点数据缺测时，可点击"代缺"按钮，从正点前后 10min 自动气象观测数据中选取合适数据来代替正点气象数据。如图 2-33 所示。

图 2-33

全部要素选中：先在表格中选中某条分钟要素数据，然后勾选"全部选中"复选框，则该行记录的全部要素将被用作替代正点数据，如图 2-34 中"选中"栏。

观测时间	2分钟风速	2分钟风向	10分钟风速	10分钟风向	最大风速	最大风速时风向	出现时间	瞬时风速	瞬时风向	极大风速	极大风速时风向	出现时间	小时降雨量	气温
201406181251	11	238	6	238	17	238	1221	14	238	28	238	1212		290
201406181252	14	238	7	238	17	238	1221	15	238	28	238	1212		291
201406181253	14	238	8	238	17	238	1221	15	238	28	238	1212		290
201406181254	12	238	8	238	17	238	1221	12	238	28	238	1212		290
201406181255	9	238	8	238	17	238	1221	8	238	28	238	1212		290
201406181256	10	238	9	238	17	238	1221	16	238	28	238	1212		290
201406181257	15	238	10	238	17	238	1221	21	238	28	238	1212		290
201406181258	17	238	12	238	17	238	1221	18	238	28	238	1212		290
201406181259	16	238	13	238	17	238	1221	17	238	28	238	1212		289
201406181300	15	238	14	238	17	238	1221	16	238	28	238	1212		289
201406181301	14	238	14	238	14	238	1301	16	238	16	238	1301		289
201406181302	12	238	13	238	14	238	1301	12	238	16	238	1301		289
201406181303	9	238	13	238	14	238	1301	8	238	16	238	1301		289
201406181304	8	238	13	238	14	238	1301	11	238	16	238	1301		289
201406181305	11	238	13	238	14	238	1301	13	238	16	238	1301		289
201406181306	15	238	13	238	14	238	1301	25	238	25	238	1306		289
201406181307	20	238	14	238	14	238	1307	25	238	25	238	1307		289
201406181308	19	238	14	238	14	238	1308	19	238	25	238	1307		288
201406181309	17	238	14	238	14	238	1309	20	238	25	238	1307		288
201406181310	16	238	14	238	14	238	1310	17	238	25	238	1307		288
选中	9	238	8	238	17	238	1221	8	238	28	238	1212		290

清除全部 ☑　　　　　　　　　　　　　　　　　　　　　　替换　　放弃

提示：一个或多个要素代缺测记录，双击选中单元格(用于替代缺测记录)，【替代】即可

图 2-34

单个要素选中：双击表格中某条分钟要素数据的单元格，则该要素将被用作替代正点某个要素的数据(可以重复上述操作，进行多个要素选中)，如图 2-35 中"选中"栏。

201306252210	25	214	24	216	26	213	2209	34	204	40	227	2208		267
选中			23			217				39				

全部选中 □　　　　　　　　　　　　　　　　　　　　　　替换　　放弃

图 2-35

替代：点击"替代"按钮，则用表格中"选中"行的数据对正点数据的相应要素逐一替代。

放弃：不替代，直接退出本操作界面。

修改：当自动观测项目中所示数据存在错误或疑问时可以手动修改数据，手动修改数据完毕之后要按键盘"回车"键，如图 2-36 所示。

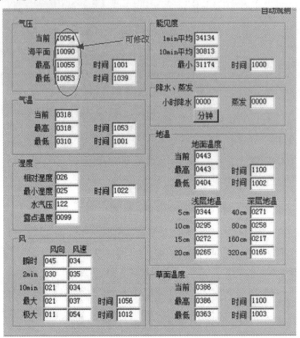

图 2-36

雨量替代：台站参数中自动观测数据源选择中的雨量选择为"雨量替代"时在可输入时间段（08 时、14 时、20 时），按钮"雨量替代"变为可用。观测时次为 08 时、14 时、20 时，"6 小时雨量"和"12 小时雨量"可以用称重代替翻斗来获取雨量数据。点击"雨量替代"，如图 2-37 所示。

双击翻斗或称重降水量单元格完成雨量替换，然后点击"保存"；如果不需要替换点击"返回"按钮。

（2）正点人工观测数据录入

人工观测云、能见度、天气现象：总云量、低云量、云高、能见度现在天气现象编码、过去天气描述时间周期、过去天气（1）、过去天气（2）、地面状态、人工加密观测降水量描述时间周期、人工加密观测降水量。

重要天气：积雪深度、雪压、冻土深度第 1 栏上限值、冻土深度第 1 栏下限值、冻土深度第 2 栏上限值、冻土深度第 2 栏下限值、龙卷、尘卷风距测站距离编码、龙卷、尘卷风距测站方位编码、电线积冰（雨凇）直径、最大冰雹直径。

图 2-37

人工观测连续天气现象记录：在正点观测时次，测报员按照人工实际观测情况在正点人工录入界面依次录入云、能见度、雨量、积雪、冻土深度、重要天气值、地面状态和天气现象等气象要素的数据。

MOI 系统对人工观测数据的录入质控规则:根据要素可能出现的值,对各项输入内容加入限制,以减少输入错误。这种限制是按两个层次进行的,第一个层次是输入非法的字符时不予接受,第二个层次是输入完后进行记录合法性检查,若记录不合法,提示出错原因,用户确定后,返回原输入项要求重新输入。

某些记录输入完后,会与它相关的记录进行比较,判断相互的矛盾错误。如总云量、低云量,天气现象与能见度,降水量与天气现象等等。在进行矛盾记录的判断中,对于肯定的错误以"警告"提示,须返回重新输入,对于可能的错误以"提示"告示,若确认错误则返回,否则继续执行。

《地面气象观测规范》规定无小数位的记录,按记录照实输入;规定取小数一位的记录,输入时一律不带小数,即将原值扩大 10 倍后输入,绝对值小于 1 的记录,扩大 10 倍后的前导"0"可省略。缺测的项目输入"—"。某项目未出现且该项目允许空输,则该项不输入。

风向为自动记录时,读取到窗口中的风向均为方位给出。某些输入项的内容为英文大写字母时,无论键盘是否处于字母大写状态,当键入相应字母时均自动转为大写字母给出。

为了便于测报员工作,天气现象栏实现了半自动化工作,它能自动读取显示视程障碍类天气现象和降水类天气现象及其起止时间,测报员只需录入剩余的天气现象即可。白天 08 时—20 时的天气现象输入到白天栏,夜间 20 时—08 时出现的天气现象输入到夜间栏。在选择天气现象时,使用鼠标在对应的天气现象图标双击即可。在输入时间栏时,如有两段以上的时间用"'"符号分开。在所有天气现象输入完成后,点击"天气现象编码"完成天气现象的编码,系统并会自动记录保存当前输入的天气现象。天气现象输入界面如图 2-38 所示。

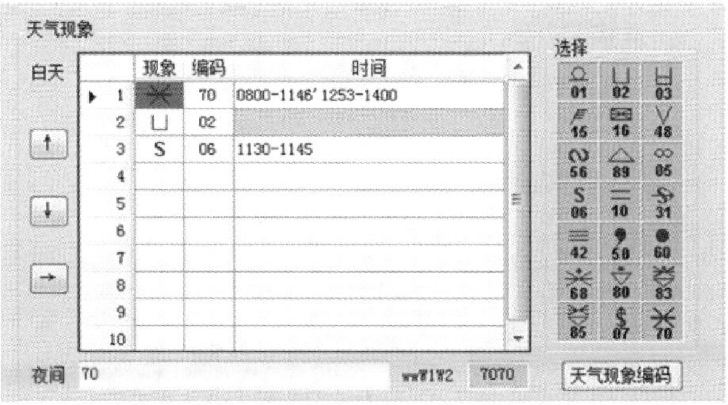

图 2-38

通过这↑、↓两个按钮可以在天气现象栏里调整选中行的天气现象的时间顺序。通过→按钮可在天气现象栏当前选中行上面增加一行。

编发:当所有出现的天气现象输入完成后,点击"编报"按钮,完成 Z 文件编报,如图 2-39所示。

Z 文件是从自动气象数据栏和人工气象数据栏获得的气象要素数据按照《地面气象要素数据文件格式(V1.0)》要求生成得出。FTP 数据传输程序则在规定时限内使用 FTP 方式自动上传 Z 数据文件,完成数据输出。

保存:当编报时,会提示"是否生成 Z 文件",如果选择否,则界面的保存按钮即可使用,通

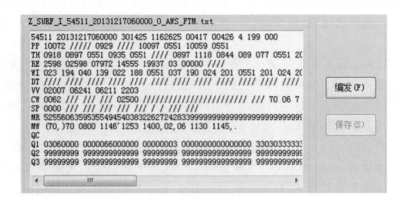

图 2-39

过点击"保存"按钮对已编报的内容生成 Z 文件并保存。

（3）上传文件补调

对正点非人工观测发报时次或加密 Z 文件，未能正常编报 Z 文件和发送时，可使用该程序功能进行补发 Z 文件并发送。对正点辐射文件如果未发送，可使用该功能进行数据补收并发送。

点击主菜单"观测与编报（A）→上传文件补调 Ctrl＋B"或通过快捷键方式"Ctrl＋B"打开如下操作界面，如图 2-40 所示。

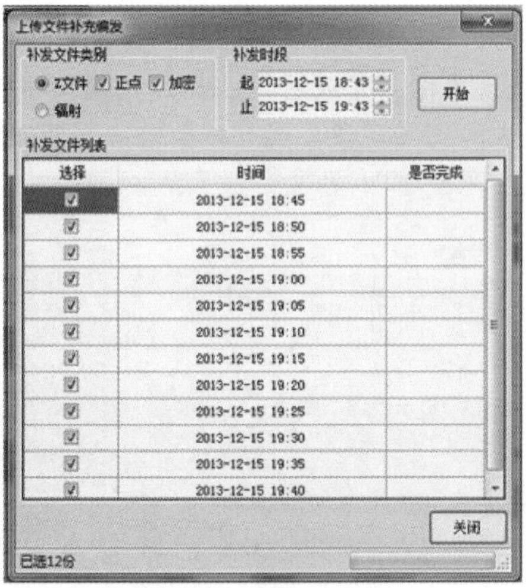

图 2-40

补发文件类别：包括"Z 文件"和"辐射文件"。通过选中"Z 文件"和"辐射文件"的单选框，来选择需要补发的文件类型。当选择"Z 文件"时，"正点"、"加密"勾选框是可用的。

补发时段：设置补发文件起始和结束时间。

补发文件列表：在选择"补发文件类别"和"补发时段"时，该列表会自动统计需要发送的补发文件时次，并以列表的形式显示，测报员可通过该列表中"选择"列的勾选，选择需要补发的时次；同时点击"开始"补发后，补发状态也会在该列表"是否完成"列中显示。

开始：当点击"开始"按钮，系统会弹出确认框（图 2-41），选择"是"，系统开始补发"补发文件列表"框中勾选的时次的文件。

图 2-41

（4）重要天气报

根据气发〔2013〕54 号文《中国气象局关于县级综合气象业务改革发展的意见》，取消降水、雨凇、积雪等重要天气报，保留大风、冰雹、雷暴、龙卷和视程障碍现象（雾、霾、浮尘、沙尘暴）重要天气报。MOI 系统能获取雾、霾、浮尘、沙尘暴等天气现象的自动观测数据，以能见度自动 10min 平均值为编发依据，根据数据量级自动编发视程障碍类重要天气报告。当 MOI 系统自动检测到冰雹、大风数据记录时，软件会自动提醒人工编发。雷暴、冰雹、龙卷、省定补充段继续由人工编发，保持原业务规定不变。点击主菜单"观测与编报（A）→重要天气报 Ctrl＋Z"或通过快捷键方式"Ctrl＋Z"，即会弹出交互窗口界面，如图 2-42 所示。

图 2-42

重要报种类包括视程障碍、大风、尘（龙）卷、冰雹、雷暴五种重要天气报。视程障碍：天气现象（以下拉框的形式选择无、霾、浮尘、沙尘暴和雾）和能见度。发报标准遵循"参数设置→报文编发参数"中的"发报标准"的霾、浮尘、沙尘暴和雾项关联。

大风：极大风速和极大风向（以下拉框的形式选择 N、NNE、NE、ENE、E、ESE、SE、SSE、S、SSW、SW、WSW、W、WNW、NW 和 NNW）发报标准遵循"参数设置→报文编发参数"中的"发报标准"的大风项关联。

龙（尘）卷：类型（以下拉框的形式选择无、海龙卷，＜＝3km、海龙卷，＞3km、陆龙卷，＜＝3km、陆龙卷，＞3km、轻微尘卷风、中等尘卷风、猛烈尘卷风）和方位（以下拉框的形式选择无、在测站上、东北、东、东南、南、西南、西、西北、北、几个或不明），该项是否能够编报取决于"参数设置→报文编发参数"中种类选择"尘（龙）卷"是否勾选有关。

冰雹:直径(单位 mm),该项是否能够编报取决于"参数设置→报文编发参数"中种类选择"冰雹"是否勾选有关。

雷暴:勾选"雷暴编组(94917)"复选框,该项是否能够编报取决于"参数设置→报文编发参数"中种类选择"雷暴"是否勾选有关。

重要天气省补充段:555 段,该项是否能够编报取决于"参数设置→报文编发参数"中种类选择"省补充段"是否勾选有关。

编报:在重要天气报窗口打开后,根据重要天气报发文件形成时间分为"按固定时间"、"按报文形成时间"两种,测报员应根据实际编发的内容在重要天气报参数设置中选择,系统缺省选为"按报文形成时间"。文件生成规则:根据省市自行规定,在参数设置中,选择重要天气报的文件名时间格式"按固定时间"和"按报文形成时间"来生成,按固定时间是指按照"发报时间"的世界时来生成文件,"按报文形成时间"是指按照报文形成的系统时间的世界时来生成文件。

保存:当编报时,会提示"是否发送重要报?",如果选择否,则界面的发送按钮即可使用,通过点击"发送"按钮对已编报的内容进行发送。

本月已发送重要报列表:以列表的方式显示当月已经发送的重要报信息,包括编发时间和文件名称。

(5)航空危险报(气象报文格式)

根据参数设置的不同,航空危险报编报满足气象报文格式和数据文件报文格式的编报格式,本章节介绍气象报文格式的编报操作。航空报、危险报、解除报等统称为航空天气报告。"航空报(代危、解报)"、"危险报"和"解除报"分别为航空天气报告的三部分,但在程序设计中,把这三个项目放在了一个模块中,点击主菜单"观测与编报(A)→航空危险报 Ctrl+H"或者通过快捷键方式"Ctrl+H",即会弹出交互窗口界面,如图 2-43 所示。

图 2-43

报类选择:分别为"航空报"、"危险报"、"解除报"、"航代危"和"航代解"五个报类选项的单选按钮,不同的报类编发的内容不一样,所以报类改变时,要素输入的内容也会发生改变。

"航代危"是指在危险天气出现的时间与航空报观测时间完全重叠时,在航空报的前面加编危险报的指示组和时间组代替危险报的情况。

当为航代危时,危险天气出现的时间须人工输入,为首份以航代危报时,可以输入"XX";当为危险报时,危险天气出现时间以计算机系统时间自动填入"时"和"分",可根据实际情况进行修改。"危险天气现象"不能为空或"无",必须选择所达到标准的危险天气。

当为危险报时,危险天气出现时间以计算机系统时间自动填入"时"和"分",可根据实际情况进行修改,若输入的时间与航空报观测时间重叠,即输入的"危险天气出现时间(分)"在 51～00 分时,则会给出如下提示:当前是航空报观测编报时间建议用航代危代替单独危险报?如果选择"是(Y)"则需重新启动"航空报(代危、解报)",进行以航代危;否则继续进行。如图 2-44 所示。

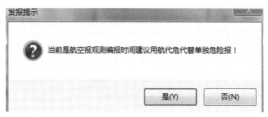

当前是航空报观测编报时间建议用航代危代替单独危险报!

是(Y)　　否(N)

图 2-44

"航代解"是指在危险天气解除时间与航空报观测时间完全重叠时,在航空报的前面加编危险解除报的指示组和时间组代替解除报的情况。当报类选项为"航代解"或在"报类选择"框中选择"解除报"时,则能输入以下几项:危险天气解除时间(时)、危险天气解除时间(分)、解除的危险天气现象。

当为以航代解时,危险天气解除时间须人工输入;当为解除报时,危险天气解除时间以计算机系统时间自动填入"时"和"分"。"解除的危险天气现象"不能为空或"无",必须选择所需要解除的危险天气。其他操作同"航空报"。

当为解除报时,危险天气出现时间以计算机系统时间自动填入"时"和"分",可根据实际情况进行修改,若输入的时间与航空报观测时间重叠,即输入的"危险天气出现时间(分)"在 51～00 分时,则会给出如下提示:当前是航空报观测编报时间建议用航代解代替单独解除报?如果选择"是(Y)"则需重新启动"航空报(代危、解报)",进行以航代解;否则继续进行。如下图 2-45 所示。

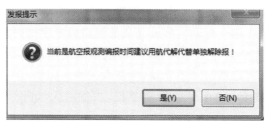

当前是航空报观测编报时间建议用航代解代替单独解除报!

是(Y)　　否(N)

图 2-45

观测资料:包括如下输入项、日期、时间、总云量(成)、能见度(km)、风向(°)、风速(m/s)、现在(ww)、方位 1(Da)、方位 2(Db)、气温(℃)、露点温度(℃)。日期和时间:航危报编报所观测要素的日期和时间。

总云量(成):危险报和解除报该要素不可输入。

能见度(km):危险报和解除报该要素不可输入。

风向(°):危险报和解除报该要素不可输入。

风速(m/s):危险报和解除报该要素不可输入。

现在(ww):两位现在天气现象编码,无天气现象可以不输。危险报和解除报该要素不可输入。

方位 1(Da):以下拉框的方式选择,可选择,X:补位、0:天顶、1:东北、2:东、3:东南、4:南、5:西南、6:西、7:西北、8:北、9:多方位。航空报、解除报和航代解时该项不可选择。

方位 2(Db):以下拉框的方式选择,可选择,X:补位、0:天顶、1:东北、2:东、3:东南、4:南、5:西南、6:西、7:西北、8:北、9:多方位。航空报、解除报和航代解时该项不可选择。

气温(℃):危险报和解除报该要素不可输入。

露点温度(℃):危险报和解除报该要素不可输入。

导入数据:自动获取"观测资料"栏的相关要素数据。

危险天气:以下拉框的方式选择,X:无危险天气、1:大风 $f \geqslant 20 \mathrm{m/s}$、2:恶劣能见度 $V <$ 1km、3:雷雨形势 Cb $\geqslant 5$、4:冰雹、5:云蔽山、8:雷暴、9:龙卷。

云:云层组只有总云量不为空时才可输入,该要素在解除报时不可输入,只要有云,必须输入云层组。其中云层组输入数据的规则如下:

按云高自低至高编发云层组(包括云量、云状和云高),①同一高度上(包括云高相差在50m 或以内)的云作为一个层次。②同一高度有多种云时,按如下顺序优先选取:Cb、Cucong、Cu、Fc、St、Fs、Sc、Ns、Fn、As、Ac、Cs、Cc、Ci。③云层组不论是何种云,均只能按累积云量输入。当云层组多于 8 层时,优先编报积雨云和浓积云云层组,再优先考虑分层累积云量达到下列情况的组:

最低的个别云层;

再编一次较高的个别云层,其自下而上的累积云量等于或大于 4 成;

再编一次更高的个别云层,其自下而上的累积云量等于或大于 6 成;

再编一次最高的个别云层,其自下而上的累积云量等于 10 成。

有雾、雪暴、沙尘暴等视程障碍现象影响,无法完全辨别云状时,云层组不编发。

云层组中的云状在列表中选择输入,可用鼠标双击选择,也可直接键盘输入云属符号,可用左右光标键使光标后移或前移,也可用回车键进入下一输入项。云层组可以不按先后顺序输入,完成云层组输入后,程序会自动按照云高从低到高的顺序排列各云层组。若非自动站观测或自动站出现故障时,在危险报或解除报中,非危险天气出现或解除对应的要素值可以缺测。若不能自动读取天气现象或记录不完整,则需人工输入完整天气现象。

首份航空报:勾选该选项,如果是首份航空报,当危险天气持续到当前,编报时,时间编XXXX。

编报:在编发航空危险报时,MOI 系统能够根据航空报编报参数自动判别正点航空报、半小时航空报、首份航空报、是否需发温度露点组等。点击"编报"后,在"报文预览"中列出了在该时次所有的用报单位(用报单位根据编报参数库中设置的航空报单位自动选取),当两个用报单位报文格式一样时,这两个用报单位的报文将合成一行。当用报单位中有需要编发温度露点组的单位时,则将报文分别输出在报文浏览窗口。若为单独航空报,而该时次为某用报单位的首份航空报且有危险天气存在时,若首份航空报的单位均为无露点温度组或均为有露点温度组,则自动修改报文,即在航空报前加"99999 XXXXW2",并给出相关提示。否则给出需要修改的提示,此时需人工干预,在航空报的文本框中通过键盘直接修改报文内容。文件名格式为 SAYYGGgg.CCC,若为"单独航空报"、"航代危"和"航代解",YY 为日期(世界时)、GG 为正点时间(世界时)、gg 固定为"00";若为"危险报"和"解除报"一律按危险天气出现时间或解除时间形成文件名中的时间。

发送:当点击编报按钮时,将编报结果保存到航危报文文件中。当天已发航危报列表:以列表的方式显示当日已经发送的航危报信息,包括编发时间和文件名称。通过"前一天"、"当天"和"后一天"按钮来翻看不同日期的航危报编发情况。

(6)航空危险报(数据文件格式)

图 2-46 所示的界面是数据文件格式的航空危险报编报界面,其操作方法可参考上一节。

图 2-46

(7)气候月报

气候月报将月和旬的资料统计发报,气候月报发报内容受台站参数→报文编发参数中气候月报的设置影响,其中第三段各类日数和第四段极值项只有在参与国际交换时才有效,具体参考参数设置章节操作。点击主菜单"观测与编报→气候月报",打开如下操作界面:

编报选择:可以选择正确的编报月份,是否更正报(当发报错误的时候,可以选择该项重新编发报)。

数据统计:点击数据统计按钮自动计算以下三段资料中各要素的相关值,减少手工输入工作,统计结果可以人工手动修改,并编报和保存。

第一段基本资料:该段资料主要包含本站气压(月值、缺测天数)、海平面气压(月值、缺测天数)、气温(月值、缺测天数)、水汽压(月值、缺测天数)、降水量(月值、缺测天数)、日照时数(月值、缺测天数)、月平均日最高气温、月平均日最低气温、日降水量≥1mm 日数、日最高气温缺测日数、日最低气温缺测日数和日平均气温标准差。

第三段各类日数:该段资料参与国际数据交换,主要包括最高气温(<0℃,≥25℃,≥

30℃,≥35℃,≥40℃)、日降水量(≥1mm,≥5mm,≥10mm,≥100mm,≥150mm)、雪深(≥0cm,>1cm,>10cm,>50cm)、最低气温(<0℃)、最大风速(≥10m/s,≥20m/s,≥30m/s)、能见度(<50m,<100m,<1000m)。

第四段极值项:该段资料参与国际数据交换,主要包括最高日平均气温(极值、日期)、最低日平均气温(极值、日期)、最高气温(极值、日期)、最低气温(极值、日期)、最大日降水量(极值、日期)、极大风速(极值、日期)。

编报:点击编报按钮,会按照气候月报的国家或国际的标准编报格式,生成报文,并在预览窗口供业务人员查看,同时提示对话框询问是否保存该报文。

(8)常规日数据

每天20时之后测报员对当日数据进行维护操作并发报。

点击主菜单"观测与编报(A)→常规日数据 Ctrl＋G"或通过快捷键方式"Ctrl＋G",弹出如图2-47所示的交互界面。

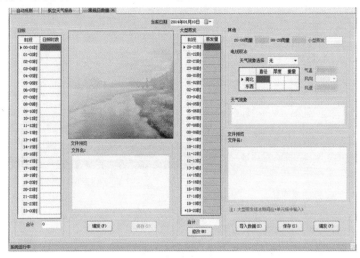

图 2-47

常规日数据有两部分组成,一部分是日照数据;另一部分是大型蒸发。

日照数据:在日照时数中,时间为 0—1 时、1—2 时、……、23—24 时(图2-48),在数据输入或修改时,不在日出至日落时间之内的单元格不能输入任何字符,否则给出"日出日落之外的日照时数只能为空!"的提示。

编发:输入日照时数数据完成以后,点击"编发"按钮,系统生成报文并在文件预览窗口查看。

保存:当点击编报按钮时,如果未保存则该按钮为可用状态,否则为禁用状态,将编报结果保存到日数据文件中。

日数据:定时降水量(20—08 时雨量、08—20 时雨量)、小型蒸发、大型蒸发、电线积冰的内容是根据台站参数中一般观测项目的设置内容有关(无、自动、人工),另外小型蒸

图 2-48

发与大型蒸发不能同时工作。

导入数据：点击"导入数据"按钮时，自动获取大型蒸发、天气现象；一般观测项目设置为"自动"时，则通过该按钮自动获取当天 20—08 时雨量、08—20 时雨量的数据。

人工录入数据：当一般观测项目设置为"人工"时，可人工录入 20—08 时雨量、08—20 时雨量、电线积冰、小型蒸发数据。大型蒸发选人工后，不可修改每小时的数据，只能修改合计值。如图 2-49 所示。

修改：如果大型蒸发的蒸发量存在错误数据，点击"修改"，出现如图 2-49 所示的界面，进行数据维护。

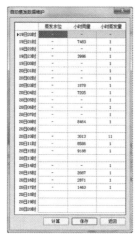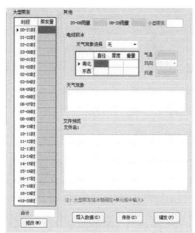

图 2-49

计算：通过蒸发水位、小时雨量计算小时蒸发量。

保存：小时蒸发量改变以后，保存数据并返回主界面。

编发：输入数据完成以后，点击"编发"按钮，系统生成报文并在文件预览窗口查看。

保存：仅将数据暂时保存到数据库中，供 20 时以后编报时，通过点击"导入数据"按钮来使用。

（9）辐射日数据

通过辐射日数据维护功能对观测时间内的辐射日数据内容进行维护，点击主菜单"观测与编报（A）→辐射日数据 Ctrl＋R"或通过快捷键方式"Ctrl＋R"，打开如图 2-50 所示的操作界面。

观测时间：可通过选择地方平均太阳时和北京时间来确定观测时间，改变其中某个时间之后，另外一个时间方式自动算出，只有选择 9 时、12 时、15 时的前后半小时内，大气浑浊度才能自动计算。

辐射作用层状态：①作用层情况：可选择如下作用层情况，无、青草、枯（黄）草、裸露黏土、裸露沙土、裸露硬（石子）土、裸露黄（红）土。②作用层状况：可选择如下作用层状况，无、潮湿、积水、泛碱（盐碱）、新雪、陈雪、融化雪、结冰。

大气浑浊度：当选择观测时间在 9 时、12 时、15 时的前后半个小时内，系统会根据直接辐射（9 时、12 时、15 时）的数据来自动计算大

图 2-50

气浑浊度(9 时、12 时、15 时)。

保存:当点击"保存"按钮时,会将当前计算的大气浑浊度值(9 时、12 时、15 时)存储在辐射日数据文件中。

2.4.2 天气现象人工维护

天气现象人工维护界面,方便测报业务人员更快捷地维护当天白天的天气现象,通过点击主菜单"天气现象 B"菜单或者使用快捷键方式(Alt+B),弹出如图 2-51 所示的交互界面。

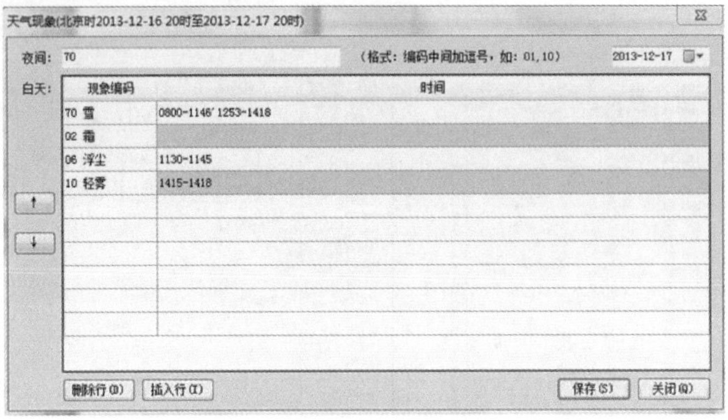

图 2-51

该维护界面,包含"符号"、"现象编码"和"时间"三列,测报人员通过下拉列表框的形式选择"现象编码"中提供的 21 种天气现象,并根据业务无规则在"时间"栏录入即可。

日期:可选择需要维护天气现象的日期。

删除行:点击"删除"按钮,删除列表中选中的行记录。

插入行:点击"插入"按钮,即可在列表中选中行的上方插入一行。

保存:点击"保存"按钮,即可在"正点数据维护"界面的天气现象栏中显示(需要重新打开"正点数据维护"界面)。

2.4.3 数据维护

(1)常规要素

B 文件维护主要是对输入逐日气压、温湿度、云、能见度、降水、天气现象、蒸发、积雪等、风、地温、冻土,海平面气压、日照、草面温度资料等,完成各项目的日统计。

本节先以基本站,五次观测方式为例进行说明,在"数据维护(C)"菜单中选择"常规要素 Ctrl+D"或通过快捷键方式"Ctrl+D",即会弹出交互窗口界面,如图 2-52 所示

从界面中可以看出,该功能主要有导入,保存和生成 A 文件。导入:窗口界面的左上角的时间为年月选择,其初值取自计算机系统时间年月,根据需要修改年、月可以对当前月任意日期的数据进行维护。除日照时数外,时间均以北京时,气象日界为准,例如 2013 年 10 月 16 日,其时间段为 2013 年 10 月 15 日 21 时至 2013 年 10 月 16 日 20 时。当年月确定后,点击"导入"按钮,系统获取数据。数据读取完毕,程序自动进行数据获取,当某时次数据为空时,此时次数据按缺测处理,显示为"—"。

补调:如需要获得某段时间的日数据,点击"补调"按钮,弹出常规数据补充窗口,如图2-53所示。

图 2-52

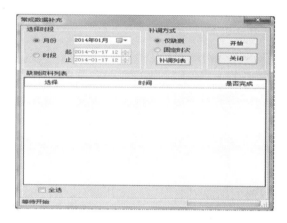

图 2-53

选择时段：通过单选框"按月份"和"按时段"来选择需要补调日数据的时间周期。

仅缺测、固定时次："仅缺测"选项程序判断是否已经进行过人工干预，如果已经干预只针对未干预数据进行补调；"固定时次"程序从 SMO 原始数据文件中进行读取数据并覆盖入库（注意该种方式会覆盖人工干预的数据）。

补调列表：点击"补调列表"按钮，系统会自动在选择的时间段内进行检查缺测内容，并在"缺测资料列表"中显示。

缺测资料列表：通过勾选"缺测资料列表"中的每个勾选框，也可勾选"全选"来选中需要补调的数据，以便系统进行补调。

补调：通过点击"补调"按钮，系统会根据"缺测资料列表"中勾选的内容进行数据补调。

保存：点击"保存"按钮，可将当前界面的日数据文件进行保存。

数据的输入或修改：各页内容以表格形式给出，可用如下方式选择有关项目。

・键盘的上下左右光标键(↑、↓、←、→)来移动；

・键入回车键(Enter)当前输入框向右移动；

・制表键(Tab)移动光标；

・用鼠标左键点击相关单元格进行选择。

光标所在的单元格或输入框即为可以进行输入或修改的项目。数据输入完毕，点击"保存"按钮，确保修改的数据完成保存。

通过以上操作，可以对气压、温湿度、云、能见度、降水、天气现象、蒸发、积雪等、风、地温、冻土，海平面气压、日照、草面温度的数据进行输入和修改。

生成 A 文件：勾选"填写封面封底"复选框，"生成 A 文件"按钮变成可以用状态。根据实际情况填写封面和封底，可以生成 A 文件。生成海平面气压段：该选项系统默认是选择的，如果在报表中不需要生成海平面气压，去掉前面的对号，点击"保存"，在海平面标签页不显示数据。

（2）辐射数据

R 文件维护用于建立或修改 R 文件。对 R 文件中的参数部分、观测数据部分和附加信息部分都可以进行修改。

点击菜单"数据维护（C）→辐射数据 Ctrl＋S"或通过快捷键方式"Ctrl＋S"，如图 2-54所示。

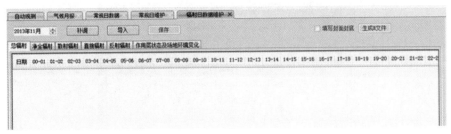

图 2-54

补调：如需要获得某段时间的辐射数据，点击"补调"按钮，弹出辐射数据补充窗口，如图 2-55 所示。

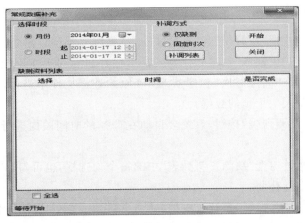

图 2-55

选择时段：通过单选框"按月份"和"按时段"来选择需要补调辐射数据的时间周期。

仅缺测、固定时次："仅缺测"选项程序判断是否已经进行过人工干预，如果已经干预只针对未干预数据进行补调；"固定时次"程序从 SMO 原始数据文件中进行读取数据并覆盖入库。注意：该种方式会覆盖人工干预的数据。

补调列表：点击"补调列表"按钮，系统会自动在选择的时间段内进行检查缺测内容，并在"缺测资料列表"中显示。

缺测资料列表：通过勾选"缺测资料列表"中的每个勾选框，也可勾选"全选"来选中需要补调的数据,以便系统进行补调。

补调:通过点击"补调"按钮,系统会根据"缺测资料列表"中勾选的内容进行数据补调。

导入:窗口界面左上角的时间为年月选择,其初值取自计算机系统时间年月,根据需要修改年月,可以对当前月任意日期的数据进行维护。当年月确定后,点击"导入"按钮,系统获取辐射日数据。

生成 R 文件:勾选"填写封面封底"后,"生成 R 文件"按钮变成可以用状态。根据实际情况填写封面和封底,可以生成 R 文件。

总辐射、净全辐射、散射辐射、直接辐射、反射辐射等各页的操作基本相同。

(3)分钟数据

分钟数据维护用于对全部分钟数据进行维护。点击"数据维护(C)→分钟数据维护 Ctrl＋F"或通过快捷键方式"Ctrl＋F",如图 2-56 所示。

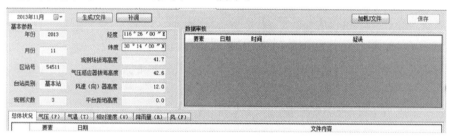

图 2-56

补调:点击"补调"按钮,弹出"实时数据补调"窗口,如图 2-57 所示。通过选择补调时间,并点击下图窗口中"补调"按钮,系统自动补调选择时间的实时数据内容。

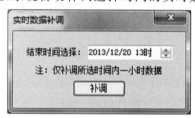

图 2-57

生成 J 文件:对分钟数据维护如果不存在 J 文件则必须生成 J 文件,用鼠标点击顶部的生成 J 文件按钮,出现如图 2-58 所示界面。

图 2-58

加载 J 文件:点击"加载 J 文件"按钮,则弹出如图 2-59 所示界面。

选取要加载的 J 文件(例如 J54511-201309.txt),点击"打开"按钮,即会将 J 文件的内容读入主窗口界面中,如图 2-60 所示。

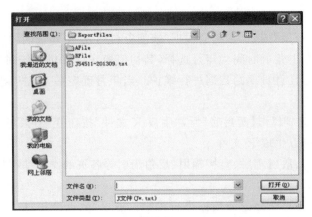

图 2-59

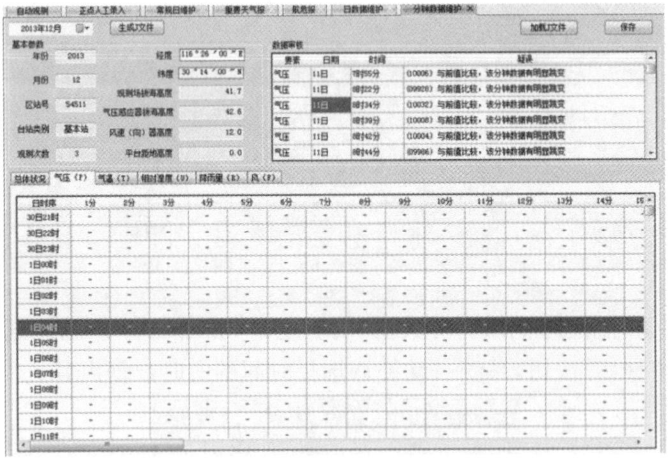

图 2-60

基本参数:列出的是 J 文件的首行参数内容,年份、月份、区站号、台站类别和观测次数由加载的 J 文件自动显示,不能修改,只有经纬度可以修改。

总体状况:是按 J 文件显示出的文件总体内容,在表格左边的固定列对文件进行标注,在表格右边的数据列中,因每行记录较长,不能完整显示,若需详细查看其内容,可以将鼠标箭头放到该行,即会显示出其隐藏的内容,如图 2-61 所示。

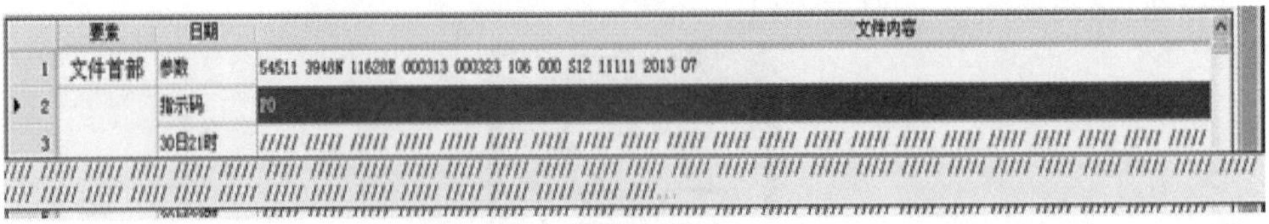

图 2-61

数据输入或修改:修改要素的数据只能在要素页中进行,以气压要素为例,点击"气压(P)"标签页,如图 2-62 所示。

在要素值显示的表格中,首列为日期时间列,首行为分钟行。修改数据时,格式必须正确。其他标签页的显示操作方法同"气压"标签页。

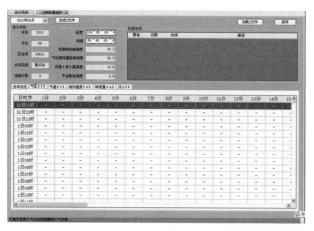

图 2-62

2.4.4　报表

报表由三部分组成:地面月报表、地面年报表、辐射月报表,通过这三个模块,能完成各类台站的地面月报表、地面年报表及辐射月报表的制作。点击"报表(D)"。如图 2-63 所示。

图 2-63

(1)地面月报表

编制地面月报表是以 A 文件为数据源,对 A 文件的数据进行有关统计,编制出地面月报表。

用鼠标点击菜单"报表(D)→地面月报表 Ctrl＋M"或通过快捷键方式"Ctrl＋M",如图 2-64所示。

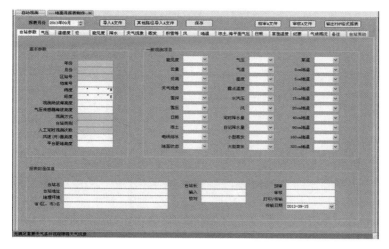

图 2-64

　　导入 A 文件：选择正确的报表月份后，点击导入 A 文件按钮，数据加载完毕，则进入如图 2-65 所示的窗口界面。

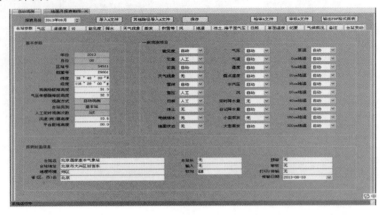

图 2-65

　　如果选择其他文件包中的 A 文件，请选择其他路径导入 A 文件按钮。

　　台站参数页：包括基本参数、一般观测项目、报表封面信息等内容。在基本参数中，包含年份、月份、区站号、观测方式、台站类别和人工定时观测次数等项内容不能进行修改，而其他项可修改。

　　观测项目中下拉选择项一般有三种选择：即"无"、"人工"和"自动站"；气压等项目下拉列表框中的值为"自动"和"无"。

　　"气压、温湿度、云、能见度、降水、天气现象、蒸发、积雪等、风、地温、冻土，海平面气压、日照、草面温度"等同"常规要素"。

　　纪要页：如图 2-66 所示。主要记载重要天气现象及其影响，台站附近江、河、湖、海状况，台站附近主要道路因雨淞、沙阻、雪阻或泥泞、翻浆、水淹等影响中断交通的情况，台站附近高

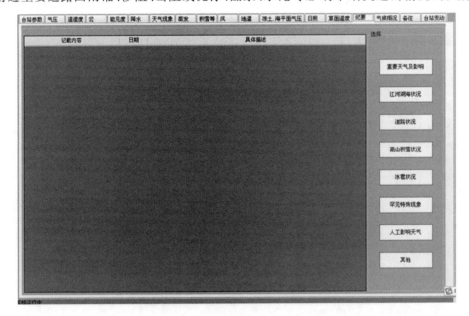

图 2-66

山积雪状况,冰雹记载,罕见特殊现象,人工影响局部天气情况,其他事项等内容。当需要记载纪要内容时,单击"选择"框中需要记载的项,相应的记载行即添加到左边的表中,然后填写该行的日期和具体描述。当需要删除表中某行记载内容时,选中该行,键入键盘中的"Delete"键即可。当没有纪要内容记载时,该页内容不必输入。

气候概况页:如图 2-67 所示。主要记载本月主要天气气候特点,主要天气过程,灾害性、关键性天气及其影响,持续时间长的不利天气影响,天气气候综合评价等内容。

备注页:如图 2-68 所示。主要记载"一般备注事项"。气象观测中一般备注事项记载由多条记录组成,每条记录由事项时间和事项说明组成。当记载上一条记录时,会自动加载下一条记录行。

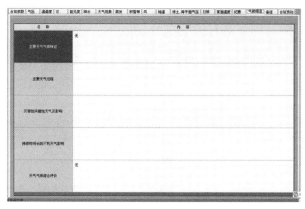

图 2-67

图 2-68

台站变动页:如图 2-69 所示。主要包括台站变动、障碍物变动、台站位置变动、观测仪器变动、观测项目增减、观测时制和其他等项内容。交互界面中台站变动表格的变动内容列通过下拉菜单来选择(包括:台站名称变动、区站号变动、台站级别变动和台站所属机构变动)。所有表格中的行都会在填写上一行时自动加载,其中的日期是通过下拉菜单来选取。

格审 A 文件:编辑修改完成的 A 文件,在生成报表之前,请检查 A 文件格式的正确性,点击"格审 A 文件"按钮,弹出如图 2-70 所示的交互界面。

审核 A 文件:根据本站审核规则库,检查审核 A 文件数据的合法性。输出 PDF 格式报表:生成 PDF 格式的地面月报表。点击"输出 PDF 格式报表"按钮,弹出如图 2-71 所示的交互界面。

(2)地面年报表

编制地面年报表是以 A 文件为数据源,对 18 个月的 A 文件的数据进行有关统计,编制出地面月报表形成地面年报表 Y 文件。

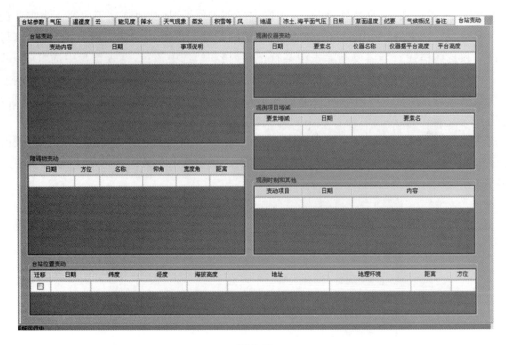

图 2-69

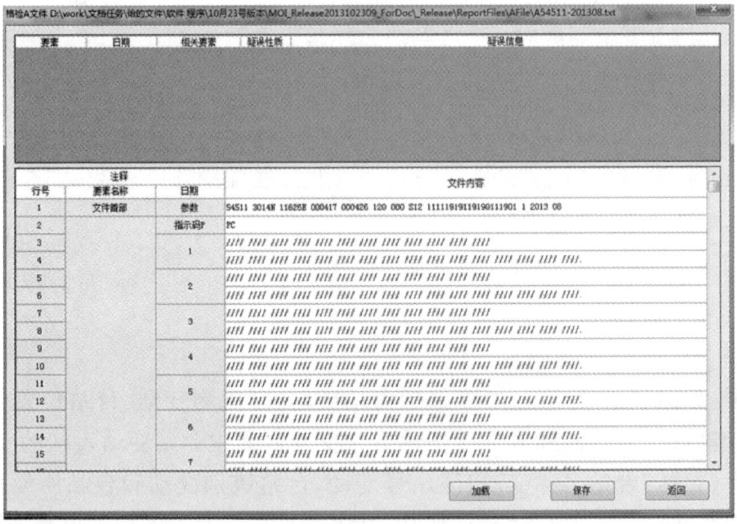

图 2-70

　　用鼠标点击菜单"报表→地面年报表 Ctrl＋Y"或者通过快捷键方式"Ctrl＋Y",弹出如图 2-72 所示的交互界面。

　　加载:点击"加载"按钮,弹出如图 2-73 所示的交互界面。点击"浏览"按钮,选择制作年报的 A 文件,点击"确定"按钮,数据加载完毕。

　　台站参数页:内容包括基本参数和报表封面信息。在基本参数中,包含年份、区站号、档案号、纬度和经度等项内容不能进行修改,而其他项可修改。报表封面信息包括台站名、台站地址、地理环境、省(区、市)名等内容。

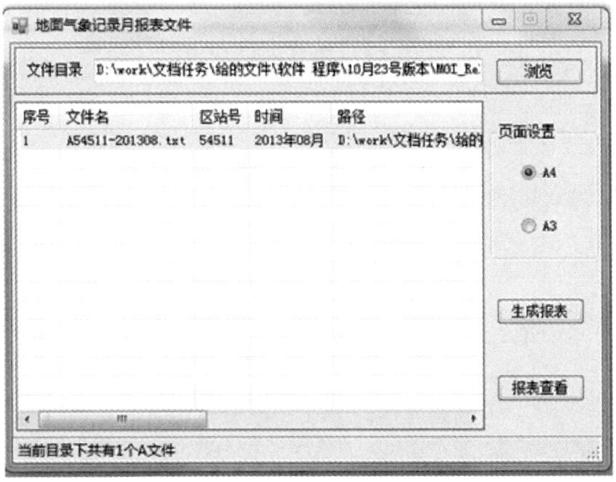

图 2-71

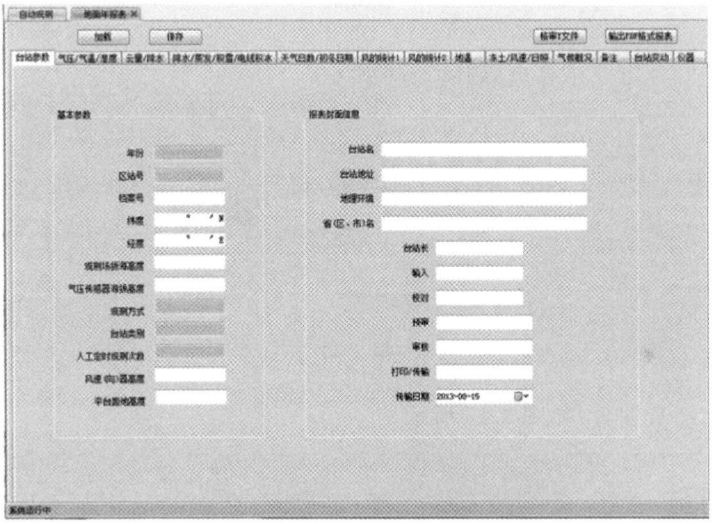

图 2-72

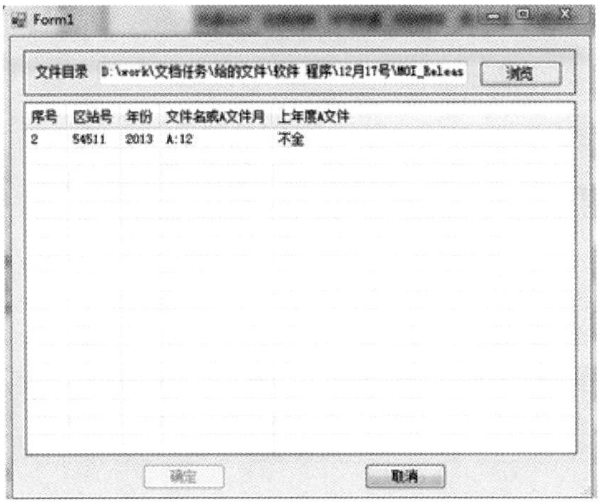

图 2-73

气压/气温/湿度页：如图 2-74 所示。

月份	本站气压							海平面气压	气温									
	平均	平均		极端					侯平均						旬平均			
	均	最高	最低	最高	最高日期	最低	最低日期		1	2	3	4	5	6	上	中	下	均
▶ 1																		
2																		
3																		

图 2-74

云量/降水页：如图 2-75 所示。

月份	平均		日平均云量量别日数						降水
			总云量			低云量			侯
	总云量	低云量	0.0-1.9	2.0-8.0	8.1-10.0	0.0-1.9	2.0-8.0	8.1-10.0	1
▶ 1									
2									

图 2-75

降水/蒸发/积雪/电线积冰页：如图 2-76 所示。

月份	最长连续日数					蒸发量	
	有降水			无降水		小	E601
	日数	降水量	起止日期	日数	起止日期	型	B型
▶ 1							
2							
3							
4							
5							

图 2-76

天气日数/初冬日期页：如图 2-77 所示。

月份	天气日数								
	雨	雪	冰雹	冰针	雾	轻雾	露	霜	雨凇
	•	✳	△	←	≡	=	⌐	∪	∾
▶ 1									
2									

图 2-77

风的统计 1 页：如图 2-78 所示。

月份	风的统计															
	N					NNE					NE				
	风速合计	出现回数	平均风速	风向频率	最大风速	风速合计	出现回数	平均风速	风向频率	最大风速	风速合计	出现回数	平均风速	风向频率	最大风速
▶ 1															

图 2-78

风的统计 2 页：如图 2-79 所示。

月份	风的统计															
	SSW					SW					WSW				
	风速合计	出现回数	平均风速	风向频率	最大风速	风速合计	出现回数	平均风速	风向频率	最大风速	风速合计	出现回数	平均风速	风向频率	最大风速
▶ 1															
2															

图 2-79

地温页:如图 2-80 所示。

月份	地面温度							日最低<	浅层地温
	平均	平均		极端				0.0℃日数	平均
	均	最高	最低	最高	日期	最低	日期		5cm
▶ 1									

图 2-80

冻土/风速/日照页:如图 2-81 所示。

月份	冻土深度		风速						
	最	日	月	最大风速			极大风速		
	大	期	平均	风速	风向	日期	风速	风向	日期
▶ 1									
2									

图 2-81

气候概况页:如图 2-82 所示。主要记载年度主要天气气候特征,主要天气过程,灾害性关键性天气及其影响,持续时间长的不利天气影响,天气气候综合评价等内容。

台站参数 | 气压/气温/湿度 | 云量/降水 | 降水/蒸发/积雪/电线积冰 | 天气日数/初冬日期 | 风的统计1 | 风的统计2 | 地温 | 冻土/风速/日照 | 气候概况 | 备注 | 台站变动 | 仪器

名　称	内　容
主要天气气候特征	
主要天气过程	
灾害性关键性天气及影响	
持续时间长的不利天气影响	
天气气候综合评价	

图 2-82

备注页:主要记载"一般备注事项"。气象观测中一般备注事项记载由多条记录组成,每条记录由事项时间和事项说明组成。当记载上一条记录时,会自动加载下一条记录行。

台站变动页:如图 2-83 所示。主要包括台站变动、障碍物变动、台站位置变动、观测仪器变动、观测项目增减、观测时制和其他等项内容。交互界面中台站变动表格的变动内容列通过下拉菜单来选择(包括:台站名称变动、区站号变动、台站级别变动和台站所属机构变动)。所有表格中的行都会在填写上一行时自动加载,其中的日期是通过下拉菜单来选取。

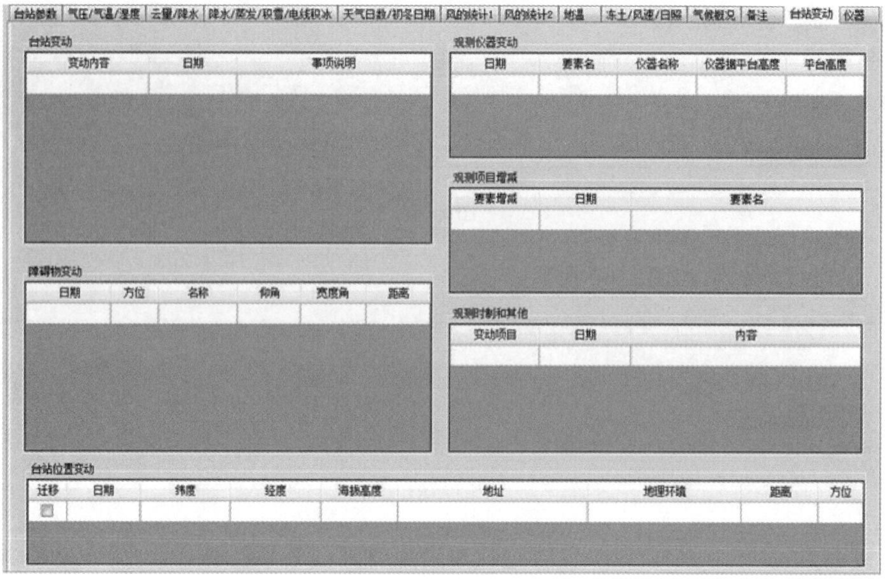

图 2-83

仪器页：如图 2-84 所示。主要记载年内使用的仪器内容。各仪器包括仪器的规格型号、号码、厂名、检定日期。

图 2-84

格审 Y 文件：编辑修改完成的 Y 文件，在生成报表之前，请检查 Y 文件格式的正确性，点击"格审 Y 文件"按钮，弹出如图 2-85 所示的交互界面。

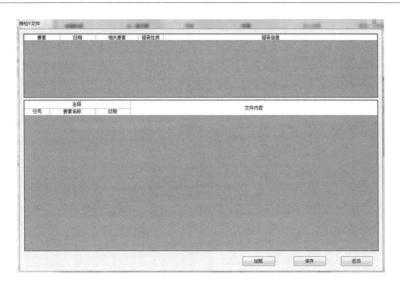

图 2-85

输出 PDF 格式报表:生成 PDF 格式的地面年报表。点击"输出 PDF 格式报表"按钮,弹出如图 2-86 所示的交互界面。

图 2-86

保存:制作完地面年报表后,点击"保存"按钮即可。

(3)辐射月报表

编制辐射月报表是以 R 文件为数据源,对 R 文件的数据进行有关统计,编制辐射月报表。点击菜单"报表(D)→辐射月报表 Ctrl＋U"或通过快捷键方式"Ctrl＋U",即可弹出与"地面月报表"相似的"辐射月报表"的窗体。如图 2-87 所示。

导入 R 文件:选择正确的辐射报表月份后,点击"导入 R 文件"按钮,数据加载完毕。如果选择其他文件包中的 R 文件,请选择"其他路径导入 R 文件"按钮。

台站参数页:包括基本参数和报表制作信息等内容。在基本参数中,主要包括年、月、区站号、辐射站级别、纬度和经度内容不能进行修改;其他项可以修改。"总辐射、净全辐射、散射辐射、直接辐射、反射辐射、作用层状态及场地环境变化"等同"辐射日维护"中的功能。

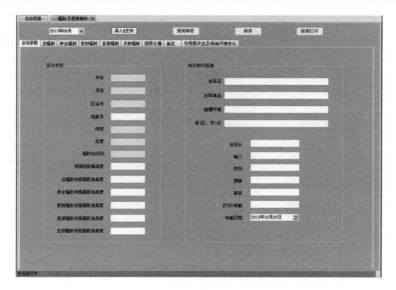

图 2-87

现用仪器页:如图 2-88 所示。主要记载月内使用的辐射仪器内容。各辐射仪器包括仪器名称、型号、号码、灵敏度、响应时间、电阻、检定日期和启用日期。

仪器名称	型号	号码	灵敏度	响应时间	电阻	检定日期	启用日期

图 2-88

备注页:主要记载每日需上报说明的事项。备注内容按日输入,某日没有需要记载的内容时则不必输入。

保存:数据如果进行过修改请点击"保存"按钮,保存修改过的 R 文件。

规则审核:根据该站的审核规则,审核生成的 R 文件。

报表打印:审核通过以后,使用报表打印功能输出报表。

2.4.5 值班

值班交接用于确定值班人员和下一班值班员的交接班时间。值班日志用于测报人员及时评价上班工作,记录本班工作情况及对下班工作进行提示,方便换班顺利交接。

(1)值班交接

当交班员与接班员交接班时,在主窗体的菜单栏里选择"值班(E)→值班交接(H)",即会弹出如图 2-89 所示的交互窗口界面。

保存:在本交互窗口界面中分别由交班员和接班员输入自己的姓名、密码和班次后,选择月份,点击保存即可观测人员完成交接班。

选择月份:在"浏览交接班信息"框中默认显示该月的交接班信息,通过选择月份可浏览选择月份的交接班信息。

退出:点击"退出",即可退出本交互界面。

(2)值班日志

点击主菜单"值班(E)→值班日志(D)",将弹出值班日记的窗口界面,如图 2-90 所示。

图 2-89

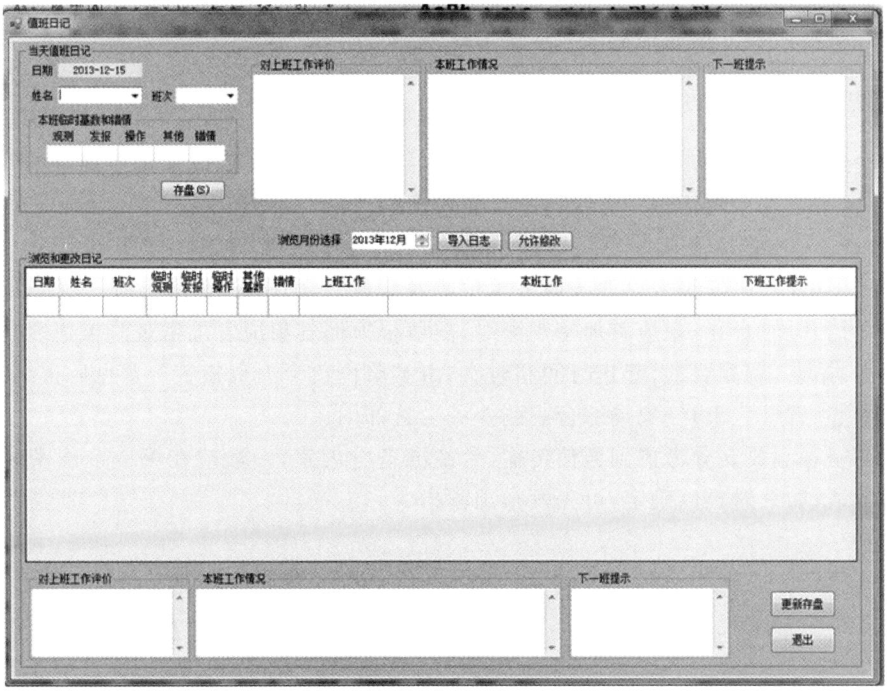

图 2-90

　　该界面用于查阅值班日记和本班值班日记的记录,包括值班日期、值班员、班次、本班临时基数和错情、对上班工作评价、本班工作情况和下一班提示等内容。

　　当天值班日记:值班日期自动与系统时间同步,无需手动添加;姓名可从下拉菜单中选择(下拉菜单中的值班员选项是根据菜单"参数设置→值班员信息"中的值班员信息设置后自动更新的。)班次根据实际情况在下拉菜单中选入。本班临时基数和错情:根据实际情况手动填入相应信息。对上班工作评价、本班工作情况、下一班提示：可在对应框中按实际情况输入相应的文字内容。

存盘：点击"存盘"或使用快捷键"Alt＋S"即可保存记录内容。

导入日志：选择浏览月份后点击"导入日志"按钮，则可显示选定月份的值班日记信息。

允许修改：如要对日记信息进行修改，可点击"修改"弹出"开放日志修改"

输入具有管理员角色的正确用户和密码点击"确定"后，则可实现更改日记功能。

更新存盘：更改日志内容后，通过点击"更新存盘"按钮更新日志内容。

2.4　应急加密观测

2.4.1　启动条件

当出现如下情况之一时，可根据需要启动地面气象应急加密观测：

重大灾害性天气过程预报服务需要；

重大活动气象保障服务需要；

二级以上(含二级)气象灾害应急响应需要；

其他经批准需要开展的地面气象应急加密观测。

2.4.2　组织流程

指令是组织应急加密观测的行动命令。发布指令要严肃认真，既要按照规定条件，又要视实际情况，实事求是地灵活掌握。执行指令要求严格认真、准确无误。

(1)申请

国家气象中心、国家级专项业务服务单位或各区域气象中心、省(区、市)气象局相关业务服务单位申请开展地面气象应急加密观测时，需填报地面气象应急加密观测申请表，说明加密观测的理由、站点、观测要素、起止时间和时次，由本单位负责人审核签署意见后报综合观测司或本区域中心、省(区、市)气象局综合观测业务主管部门。

申请加密观测要充分考虑到通信传输、台站准备等因素，一般应在第一个加密时次12小时前提出申请；如一时难以确定，可先发布预备指令。

(2)签发

中国气象局综合观测司或各区域中心、各省(区、市)气象局综合观测业务主管部门接到本级业务服务单位加密观测申请后在2小时内进行审核，并由单位负责人签发加密观测指令。

(3)发布

中国气象局综合观测司或区域中心签发的"地面气象应急加密观测指令"(含"解除地面气象应急加密观测指令")通过Notes或传真发送到相关省(区、市)气象局综合观测主管部门；指令发布后应予以电话确定。收方应发回执予以确认。

各省(区、市)气象局负责本省(区、市)加密观测指令的发布，承担加密观测的气象台站按照本省(区、市)气象局的指令进行地面气象应急加密观测。

如Notes方式不畅也可通过电话等其他方式发布，但事后应按程序填写应急加密观测指令，以便备案。

（4）执行

各省（区）气象局接到指令后 2 小时内进行部署，认真组织好应急加密观测工作。加密观测指令应在第一个加密时次前 6 小时发布到台站。

开展应急加密观测的国家级气象观测站，必须按照地面气象观测业务相关技术规定和加密观测指令要求，做好应急加密观测工作。

国家和省级气象信息中心应及时做好应急加密观测资料的传输工作。

（5）解除

加密观测指令中明确加密观测结束时间的，应在最后一次加密观测结束后自动解除加密观测；加密指令中未明确结束时间或需要提前结束加密观测的，必须由加密观测指令发布单位发布加密观测解除指令。收方应发回执予以确认。

（6）交接登记制度

指令发布、转发、接收单位应建立接转指令情况登记，记录接收（发布）指令的日期、时间（具体到分钟），指令发布（接收）人员姓名。

2.4.3　实施要求

（1）组织方式

地面气象应急加密观测一般由国家气象中心提出，中国气象局综合观测司组织。

因重大专项服务需要或气象灾害应急响应服务需要开展的地面气象应急加密观测，也可由专项服务承担单位提出，经与相关省（区、市）气象局协调后，由中国气象局综合观测司组织进行。

各区域气象中心（以下简称区域中心）、省（区、市）气象局根据业务服务需求，也可自行安排本辖区内或协调周边省（区、市）的国家级气象观测站进行地面气象应急加密观测。

（2）观测站点

全国国家级气象观测站都应根据地面气象应急加密观测指令承担应急加密观测任务。

（3）观测频次、观测要素和时限

地面气象应急加密观测的观测要素一般为云、能见度、天气现象、固态降水、雪深、电线积冰、冻土等未实现自动化的观测要素，特殊需要时可临时增加其他观测要素。

应急加密观测频次一般为每 3 小时一次，遇特殊情况时，可加密到每 1 小时一次。

（4）资料传输要求

地面气象应急加密观测的云、能见度、天气现象、固态降水、积雪、电线积冰、冻土等观测要素的观测按照《地面气象观测规范》要求进行。

观测资料以地面气象要素上传数据文件（Z_SURF_I_IIiii_yyyyMMddhhmmss_O_AWS_FTM［-CCx］.txt）格式利用地面气象测报业务软件生成，通过业务通信网络上行传输至国家气象信息中心，再分发至相关业务服务单位使用。

申请加密观测的业务服务单位若需增加观测内容和数据传输信息，由该单位在加密活动开展前协助相关省（区、市）气象局完成相应技术准备。

2.5 应急处理

2.5.1 上传文件补调

对正点非人工观测发报时次或加密 Z 文件,未能正常编报 Z 文件和发送时,可使用该程序功能进行补发 Z 文件并发送。对正点辐射文件如果未发送,可使用该功能进行数据补收并发送。

点击主菜单"观测与编报(A)→上传文件补调 Ctrl+B"或通过快捷键方式"Ctrl+B"打开如下操作界面,如图 2-91 所示。

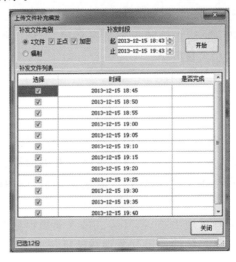

图 2-91

补发文件类别:包括"Z 文件"和"辐射文件"。通过选中"Z 文件"和"辐射文件"的单选框,来选择需要补发的文件类型。当选择"Z 文件"时,"正点"、"加密"勾选框是可用的。

补发时段:设置补发文件起始和结束时间。

补发文件列表:在选择"补发文件类别"和"补发时段"时,该列表会自动统计需要发送的补发文件时次,并以列表的形式显示,测报员可通过该列表中"选择"列的勾选,选择需要补发的时次;同时点击"开始"补发后,补发状态也会在该列表"是否完成"列中显示。

开始:当点击"开始"按钮,系统会弹出如下确认框,选择"是",系统开始补发"补发文件列表"框中勾选的时次的文件。

2.3.2 传输异常情况处理

(1)FTP 测试通过,但发不出文件

需要检查 MOI 的目录设置是否正确,如果路径不对找不到文件目录,就会导致文件不能发送。

(2)ping 网络不通,FTP 测试成功,文件不能发送

有可能接收方的服务器或网络防火墙屏蔽了 ping 测试网络的功能,需要通知接收方不要

屏蔽测报业务计算机发出的 ping 指令,这样就可以保证实施通信链路监测,确保网络畅通,有故障及时报警提示。

(3)3G 通信为何找不到路由,发不出文件

当需要通过 3G 通信实现应急备份通信时,先要安装 3G 通信的硬件,配置好 FTP 的服务器地址、远程目录、用户名、密码等参数。如果接收方的网络地址不在同一个段,网络交换机没有设置路由的话,需要本机上添加通信路由(使用 route add 指令),通过测试传输成功才可启用此功能。

route add xxx. xxx. xxx. xxx mask 255.255.255.255 yyy. yyy. yyy. yyy － p

xxx. xxx. xxx. xxx:对端接收文件的 FTP 服务器地址;

yyy. yyy. yyy. yyy:网关地址

如浙江省台站添加路由指令:

route add 122.224.174.179 mask 255.255.255.255 192.168.8.1 － p

(4)为何通信软件响应速度慢或无响应

这种情况的出现很可能是在 MOI\AwsNet 的文件目录下有需要发送的文件,但是网络通信有故障,或通信参数没有配置好,软件发送文件超时监测导致的。首先从操作系统的任务管理器中把 MoiFtp. exe 进程中断,把 MOI\AwsNet 文件夹中的文件拷贝出来,清空目录;然后检查通信链路状况排除通信故障,或正确配置 FTP 通信参数,测试成功以后再开启 MoiFtp 软件。

(5)重要报和 Z 文件路径都是一样吗

重要报与 Z 文件是否相同目录要根据本省的情况来定,有的是分开的,有的是一样的。如果是一样的,那么重要报和 Z 文件的通信参数都要填一样的。

(6)什么情况下启用 3G 备份

启用 3G 备份通信是应急用的,这个功能是与专门的 3G 通信报警一体机配套使用的。当主通道发生故障,不能发送或发送失败的情况下,软件自动切换到 3G 传输,对应在省网络中心也要有接收文件的 FTP 服务器。

如果有更好的备份应急通信方式也在这里配置通信参数。如通过移动互联网或 VPN 专网发送,起到应急备份的作用,确保不漏报。

(7)要启用软件监控吗

最好启用。这项功能提供了对于业务采集和业务数据处理两个软件的监控,万一业务软件没有开启或夜间由于以外原因退出了,就可以自动启动,防止漏传 Z 文件和重要报。

2.3.3　备份电脑切换

备份计算机切换应预先安装有最新版本台站地面综合观测业务软件,完成相应参数设置。关闭业务用计算机和备份计算机。

将拔下自动站各通信接口移接至备份用计算机,如备份计算机无备份网络接入的将业务用计算机网线一并移接至备份用计算机。

开启备份用计算机,开启台站地面综合观测业务软件,检查数据是否正常接入,检查通信组网软件是否正常。

补收自动站数据。完成备份用计算机切换工作。

2.3.4　软件升级

软件会根据中国气象局相关业务规定最新要求和日常实际使用反馈意见不断升级完善。软件升级一般有两种方式,第一种为通过安装最新版完整软件完成,第二种为通过安装软件升级包完成。

(1)安装最新版完整软件

第一步:卸载原有台站地面综合观测业务软件。第二步:按照 2.2.1 节,完成最新版安装。

(2)通过安装软件升级包完成软件升级

升级包一般分为"台站地面综合观测业务软件_采集(SMO)"和"台站地面综合观测业务软件_业务(MOI)"两个部分,可通过探测中心网站下载(参考网址:http://www.moc.cma.gov.cn/16)。

以台站地面综合观测业务软件(0226)升级包为例,升级相关注意事项如下:

升级包中包含"SMO 升级包 V4.0.7_0226.rar"(以下简称 SMO)以及"MOI＋MOIFTP 升级包 V2.0.8.0.rar"(以下简称 MOI、MOIFTP),其中 SMO 压缩包中包含采集模块的升级包和相关使用操作文档,MOI＋MOIFTP 压缩包中包括业务和传输两个模块的升级包和相关使用操作文档。

本升级包适用于已安装 MOI(v2.0.6)以及 SMO(v4.0.6)的台站,升级之前请仔细阅读相关说明文档,直接使用升级包进行升级即可。

本软件中涉及的业务规定、授时、质控、天气现象代码等业务技术文档"台站地面综合观测业务软件涉及的其他技术文档.rar"可在探测中心网站上下载,具体地址为:http://www.moc.cma.gov.cn/16。

SMO 安装完成后,需要台站按照本站设备情况修改"通信端口,具体操作可参考"SMO 安装演示视频.exe";SMO 中极值参数为 54511 站审核规则库中的参数,需要台站按照本站实际情况进行修改,具体操作可参考"关于修改台站极值参数的说明.docx";SMO 中观测项目挂接和报警设置可参考"关于软件项目挂接设置及报警设置的说明.doc";SMO 中自动站、云、天等自动观测数据格式可参考"台站地面综合观测业务软件_自动观测数据存储文件格式说明 1129.doc"。

第3章　地面气象观测设备维护方法

3.1　常规传感器

(1)气压

膜盒式电容气压传感器要保持静压气孔口畅通,以便正确感应外界大气压力。应定期检查气孔口。

振筒式气压传感器应避免阳光的直接照射和风的直接吹拂,并定期检查通气孔,及时更换干燥剂。

(2)温度

应保持传感器清洁、干燥。巡视设备和仪器时,如发现传感器上有灰尘或水,须立即用干净的软布轻轻拭去。

(3)湿度

湿敏电容传感器的头部有保护滤膜,防止感应元件被尘埃污染。每月应拆开传感器头部网罩,若污染严重应更换新的滤膜。禁止手触摸湿敏电容,以免影响正常感应。

(4)风速风向

经常观察风杯和风向标转动是否灵活、平稳。发现异常时,换用备份传感器。

每年定期维护一次风传感器,清洗风传感器轴承;检查、校准风向标指北方位。

(5)翻斗雨量传感器

仪器每月至少定期检查一次,保持传感器器口不变形,器口面水平,器身稳固。

使用时要注意维护仪器清洁,定期清洗过滤网与贮水室,检查漏斗通道是否有堵塞物,发现堵塞要及时清洗干净,特别要注意保持节流管的畅通。

结冰期长的地区,在初冰前将感应器的承水器口加盖,不必收回室内,并拔掉电源。

(6)称重式降水传感器

维护之前应先断开称重式传感器电源,拔下数据线。维护完毕后,再接上电源线和数据线。

每日定时进行仪器小清洁,口沿以外的积雪、沙尘等杂物应及时清除,如遇有承水口沿被积雪覆盖,应及时将口沿积雪扫入桶内,口沿以外的积雪及时清除。每日检查内筒内液面高度和供电情况。每周检查承水口水平、高度情况。

当内筒内的防冻液和蒸发抑制油过少时,应适量添加。当内筒内的液体较多或杂物过多时,应清空、然后添加相应的防冻液和蒸发抑制油。

降水过程中,因降水量较大可能超过量程时,应在降水间歇期及时排水。每次较大降水过程后及时检查,防止溢出。预计将有沙尘天气但无降水,应及时将桶口加盖;沙尘天气结束后及时取下盖。

每月检查防雷接地情况。每年春季应对称重式降水传感器进行防雷安全检查。

（7）地温

保持安放地面温度传感器和浅层地温传感器的裸地地面疏松、平整、无草，雨后及时耙松板结的地表土；安放深层地温传感器的场地应与观测场地面一致。

查看地面温度传感器和浅层地温传感器的埋设情况，保持地面温度传感器一半埋在土内，一半露出地面，擦拭沾附在上面的雨露和杂物，浅层地温安装支架的零标志线要与地面齐平。

雨后和雪融后应检查深层地温硬橡胶套管内是否有积水，如有积水，应用头部缚有棉花或海绵的竹竿插入管内将水吸干，如发现套管内经常积水，则应检查原因，进行维修。

3.2　自动蒸发传感器

蒸发器应尽可能用代表当地自然水体（江、河、湖）的水；在取自然水有困难的地区，也可使用饮用水（井水、自来水）。器内水要保持清洁，水面无漂浮物，水中无小虫及悬浮污物、无青苔，水色无显著改变。

蒸发器一般每月换一次水，换水时应清洗蒸发桶，换入水的温度应与原有水的温度接近。

每年在汛期前后（长期稳定封冻的地区，在开始使用前和停止使用后），应各检查一次蒸发器的渗漏情况等；如果发现问题，应进行处理。定期检查蒸发器的安装情况，如发现高度不准、不水平等，要及时予以纠正。

定期检查清洁自动蒸发传感器，发现故障要及时修复。

冬季结冰时该仪器不观测，应将传感器取下，妥善保管；解冻后再重新安装使用。若冬季结薄冰的台站，停用传感器，只在 20 时用测针进行补测。

3.3　辐射传感器

3.3.1　总辐射传感器

应在日出前把总辐射金属盖打开，传感器就开始感应，记录仪自动显示总辐射的瞬时值和累计总量。日落后停止观测，并加盖。若夜间无降水或无其他可能损坏仪器的现象发生，总辐射表也可不加盖。

开启与盖上金属盖应特别小心，要旋转到上下标记点对齐，才能开启或盖上。由于石英玻璃罩贵重且易碎，启盖时动作要轻，不要碰玻璃罩。冬季玻璃罩及其周围如附有水滴或其他凝结物，应擦干后再盖上，以防结冻。金属盖一旦冻住，很难取下时，可用吹风机使冻结物融化或采用其他方法将盖取下，但都要小心仔细，以免损坏玻璃罩。

每日上下午至少各一次对总辐射表进行如下检查和维护：

• 仪器是否水平，感应面与玻璃罩是否完好等。

• 仪器是否清洁，玻璃罩如有尘土、霜、雾、雪和雨滴时，应用镜头刷或麂皮及时清除干净，注意不要划伤或磨损玻璃。

• 玻璃罩不能进水，罩内也不应有水汽凝结物。检查干燥器内硅胶是否变潮（由蓝色变成红色或白色),否则要及时更换。受潮的硅胶,可在烘箱内烤干变回蓝色后再使用。

• 总辐射表防水性能较好,一般短时间或降水较小时可以不加盖。但降大雨(雪、冰雹等)或较长时间的雨雪,为保护仪器,观测员应根据具体情况及时加盖,雨停后即把盖打开。

如遇强雷暴等恶劣天气时,也要加盖并加强巡视,发现问题及时处理。

3.3.2　净全辐射传感器

净全辐射表观测的是全辐射差额,不仅白天观测,夜间也要观测。记录仪显示的是瞬时值、时累计量和 0～24 小时日总量,一般白天显示正值,夜间为负值。

净全辐射表和总辐射表一样,除每日上下午至少各检查一次仪器状态外,夜间还应增加一次检查。每次检查和维护的内容如下:

• 感应面是否水平。

• 薄膜罩是否清洁和呈半球状凸起。罩外部如有水滴,应用脱脂棉轻轻抹去,若有尘埃、积雪等,可用橡皮球打气,使罩凸起并排除湿气。

• 薄膜罩通常每月更换一次,风沙多、大气污染严重或紫外光强易使聚乙烯老化的地区,要增加更换次数。要备足薄膜罩与橡皮垫圈及时更换,保持好密封性。

• 更换薄膜罩时要用专用工具(金属环)把压圈旋下,取下橡皮密封圈与旧罩,然后换上新罩,放上密封圈,再用专用工具把压圈旋紧。换罩时如发现密封圈老化或损坏应同时更换,更换时注意不要弄脏或碰坏黑体。如果感应面有脏物,要用橡皮球清除,不要用刷子等硬物去清除。

• 遇有雨、雪、冰雹等天气时,应将上下金属盖盖上,加盖条件同总辐射表,稍大的金属盖在上,以防雨水流入下盖内。降大雨时应另加防雨装置。降水停止后,要及时开启。

• 由于薄膜罩密封性能不好或金属盖盖得不紧,大雨时,常把感应面弄湿,使得仪器短路或出现负值,应及时把仪器烘干或换上备份表,干燥剂失效要及时更换。

• 要注意观测结果的正负值。正常天气净全辐射夜间为负值,日出后 1～2 小时升为正值至中午为最大,日落前 1～2 小时又转为负值。如果出现相反情况,可能仪器的正负极接错。

• 注意保持下垫面的自然和完好状态。平时不要乱踩草面,降雪时要尽量保持积雪的自然状态。

3.3.3　直接辐射传感器

每天工作开始时,应检查进光筒石英玻璃窗是否清洁,如有灰尘、水汽凝结物应及时用软布擦净。

跟踪架要精心使用,切勿碰动进光筒位置,每天上下午至少各检查一次仪器跟踪状况(对光点),遇特殊天气要经常检查。

如有较大的降水、雷暴等恶劣天气不能观测时,要及时加罩,并关上电源。

转动进光筒对准太阳,一定按操作规程进行,绝不能用力太大,否则容易损坏电机。

除检查感应面、进光筒内是否进水、接线柱和导线的连接状况外,重点应检查仪器安装与跟踪太阳是否正确。

3.3.4　散射辐射传感器

日出前,转动丝杆调整螺旋,将遮光环按当日赤纬调在标尺相应的位置上(有时也可几天调整一次),使遮光环全天遮住太阳直射辐射。每日上下午巡视一次,检查遮光环阴影是否完全遮住仪器的感应面与玻璃罩,否则应及时调整。

平时要经常保持遮光环部件的清洁和丝杆的转动灵活。发现丝杆有灰尘或转动不灵活时,尤其是风沙过后,要用汽油或酒精将丝杆擦净。较长时间不使用,应将遮光环取下或用罩盖好,以免丝杆和有关部件锈蚀。长时间使用遮光环,当圈环颜色(外白内黑)褪色或脱落时,应重新上漆。

3.4　前向散射能见度仪

现场维护操作中,观测员切忌长时间直视发射端镜头,避免损伤眼睛。

每日日出后和日落前巡视能见度仪,发现能见度仪(尤其是采样区)有蜘蛛网、鸟窝、灰尘、树枝、树叶等影响数据采集的杂物,应及时清理(可在基座、支架管内放置硫黄,预防蜘蛛)。及时清除太阳能板上的灰尘、积雪等。切忌长时间直视发射端镜头。

每月定期检查无线传输的能见度仪器通信卡上的费用,提前充值。每两个月对无人值守的能见度站进行现场检查维护。

一般每两个月定期清洁传感器透镜,可根据设备附近环境的情况,延长或缩短擦拭镜头的时间间隔(遇沙尘、降雪等影响能见度天气现象时,应及时清洁)。

检查时应尽量避免用手电筒等光源照射能见度观测设备。

发现能见度自动观测数据错误或异常应及时处理,启动维护或维修程序。

定期检查、维护的情况应记入值班日志中。

3.5　降水天气现象仪

每日日出后和日落前巡视天气现象仪,发现天气现象仪(尤其是采样区)有蜘蛛网、鸟窝、灰尘、树枝、树叶等影响数据采集的杂物,应及时清理(可在基座、支架管内放置硫黄,预防蜘蛛)。

一般每 3 个月清洁前向散射发射和接收装置透镜,用柔软不起毛的棉布或脱脂棉蘸无水乙醇擦拭窗口玻璃,注意不要划伤玻璃表面,如果窗口加热功能良好,其表面将很快变干;勿用其他物品清洁发射窗口。可根据设备附近环境的情况,延长或缩短擦拭镜头的时间间隔(遇沙尘、降雪等影响能见度和天气现象时,应及时清洁)。

发现数据错误或异常应及时处理,查明原因,开展维护或维修工作。

定期检查、维护的情况应记入值班日志中。

3.6　激光云高仪

每日日出后和日落前巡视激光云高仪,发现激光云高仪(尤其是采样区)有蜘蛛网、鸟窝、灰尘、树枝、树叶等影响数据采集的杂物,应及时清理(可在基座、支架管内放置硫黄,预防蜘蛛)。

一般每月定期清洁光学透镜,可根据设备附近环境的情况,延长或缩短擦拭透镜的时间间隔(遇沙尘、降雨(雪)等天气现象时,应及时清洁)。

定期更换冷却风机的空气过滤器。每 6 个月进行一次现场校验。

守班期间,每日 08 时、20 时检查激光云高仪是否正常工作。发现仪器异常或接收到业务软件监控报警信息时应及时处理,查明异常原因,开展维护或维修工作。

定期检查、维护的情况应记入值班日志中。

3.7　雪深

启用雪深观测传感器前,应清理基准面上杂物,平整基准面,检查供电、防雷接地、数据线连接等情况,并进行现场校准。

雪深传感器启用期间,保持基准面整洁平整。每日检查传感器的外观、运行状态。

积雪期间,每日检查测雪面,及时清除异物。若测雪面因踩踏等造成破坏时,应及时将测雪面尽可能恢复至与周围雪面状况相同。

按照仪器说明书要求,定期检查超声波探头干燥剂,若受潮失效,应及时更换;定期检查激光传感器探头的清洁度,应保持清洁。

雪深传感器停用时,应切断传感器电源线、和采集器连接的数据线,清洁测距探头,并加防护罩。

注意分析判断雪深数据的准确性,若发现传感器测量结果存疑或出现部件故障,应按现场校准方法,对传感器进行校准,应及时维修或更换。

3.8　采集器

每天都要察看采集器状态灯显示是否正常,发现问题,要及时处理;发现采集器数据异常应及时对采集器复位,如果复位不能解决问题,应对采集器内存进行清除。

每周将数据采集软件和计算机关闭一次。

室外采集器应每月检查采集器箱的防水状况。

保持采集器的整洁,上面无覆盖物。

注意事项:不要带电插拔各种接线端子,不要带电撤换或安装传感器。

3.9　电源系统

(1)市电的维护

每月查看台站配电箱一次,如发现隐患及时排除。

每周检查室内给采集器供电的接线板是否正常,电线是否有发热现象;供电电源是否正常。

(2)发电机的维护

每周将发电机开启一次,检查运行是否正常。

定期检查燃油备用情况是否正常。

(3)UPS维护

UPS的电池组对人体存在一定的烧伤危险,在开机之前,首先需要确认输入市电连线的连接是否牢固,以确保人身安全。在装卸导电连接条和输出线时应采用绝缘的工具,特别是输出接点更应该有防止触电的设置。

UPS的使用环境应清洁、少尘、干燥、防磁;标准使用温度为25℃,一般应不超出15～30℃。

UPS负载总功率不应大于额定功率。

开机时应首先给UPS供电,使其处于旁路工作状态,然后再逐个打开负载。关机时应首先逐个关闭负载,再将UPS关闭。

(4)蓄电池维护

按照电池使用说明书和UPS操作手册定期对蓄电池进行充放电。

(5)太阳能电源系统的维护

应定期对太阳能板进行清洁、除尘操作。

应每2～3年更换一次太阳能蓄电池。

3.10　通信系统

要定期检查线缆接头是否松动,检查各接线端子是否腐蚀,发现问题及时处理。需要挪动线缆时,要轻拿轻放,切勿造成强拉扯断现象。

设备的维护人员应定期对设备的环境温度、供电电压、干扰、静电等进行检测、观察、试验等进行维护工作,以保证设备的环境实时处在良好状态。

如有加装防雷设备,要妥善处理好防雷地线、机房地线、电源地线三者关系,使其达到既防雷又屏蔽的双重作用。

3.11　防雷系统

每年春季对防雷设施进行全面检查,复测接地电阻。

每年雨季前要用地阻仪对观测场、观测室地阻进行检测,若大于4Ω,应查明原因,若因地网腐蚀严重的,应更换地网。

每年雨季前,应对电源避雷器、信号避雷针进行一次检查,发现老化变性的应及时更换。

每年雨季前,应详细检查采集器、雨量传感器、地温转接盒的接地端子是否生锈,如有生锈则应仔细除锈,用沥青或防水胶带将接地端子密封好并埋入土中。

观测场、值班室内新增仪器设备,应对其金属外壳进行接地,接地线并入统一地网,并入时若用电焊焊接,则焊接前应断掉观测场、值班室内所有仪器的接地线,焊接后,恢复所有断开的接地线。

第4章 常见故障判别和备件更换

台站分册和保障中心分册共同构成了完整的地面观测系统故障诊断内容。鉴于保障职责分工,本章主要针对故障的分类、简单判别、备件更换等内容。较为详细的、完整的故障诊断内容见第 7 章。

4.1 常见故障判别方法

从故障类别进行分类,新型站常见故障可以分为硬件故障和软件故障两类。硬件故障包括数据故障、通信故障和电源故障。软件故障主要是 ISOS 业务软件故障。

(1)故障判别方法

进行故障判别首先需要采取措施对故障进行初步的判断划分,判断是软件故障还是硬件故障。通常,可使用 ISOS 软件的串口终端(图 4-1,图 4-2),向自动站发送 DMGD 读数指令(图 4-3),根据自动站的响应情况判断故障。

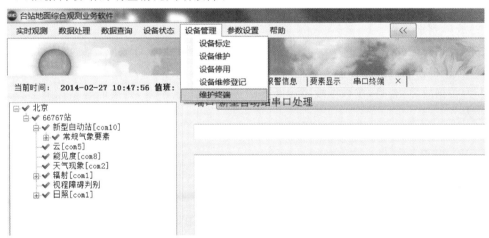

图 4-1 ISOS-SS 通信终端界面

如果自动站可返回正确完整的观测数据,则故障为软件故障(ISOS 软件故障),可通过查询本书软件故障诊断的描述进行故障排查和修复。

如果自动站可以返回观测数据,但数据不完整或者某些数据与实际不符,则可能为数据故障。数据故障表现为某项或某几项数据缺测或与实际不符,但整站通信正常;而通信或电源故障通常表现为通过 ISOS 软件串口终端或串口调试软件向自动站发指令,自动站没有任何数据、指令返回;ISOS 软件异常是指,ISOS 软件可以接收到自动站发出的完整正确的数据报文,但数据处理不正确。故障处理可依据"数据故障诊断修复流程"进行故障排查修复。

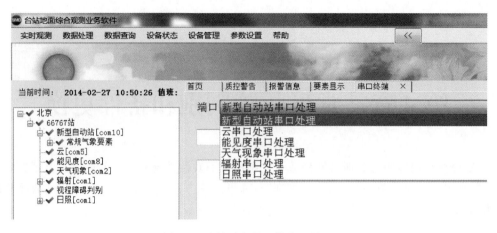

图 4-2　选择对应的通信串口界面

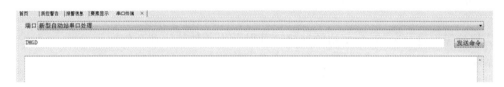

图 4-3　发送数据下载指令界面

如果自动站对指令无响应,则通常为通信故障或者电源故障,可依据"整站无响应故障诊断修复流程"进行故障排查修复。

(2)故障判别流程

故障判别总流程如图 4-4 所示,首先需要采取措施判断是软件故障还是硬件故障,如果是软件故障,应根据软件故障诊断方法处理;如果不是软件故障,则需要根据实际得到的数据判断是否为数据故障,若是,按数据故障诊断方法进行处理,若不是,则按照整站无响应方式进行诊断排查。

4.2　备件更换

(1)线缆连接方法

更换线缆时,首先要将自动站电源系统的交直流电源均断开,这样既可以保证现场维护人员人身安全,又能确保采集器或传感器不因带电操作而损坏。之后依照与设备对应的接线图来整理、连接线缆,若不方便查找接线图,可在更换线缆前对原有接线方式进行标示、记录或拍照,做好记录工作后再进行线缆连接。

(2)采集器更换

更换采集器时亦可采用上述方法,确认自动站电源系统的交直流电源均断开后,查找与设备对应的接线图,按图示更换,若不方便查找接线图,可在更换采集器前对原有采集器安装方式进行标示、记录或拍照,做好记录工作后再进行采集器更换。

(3)传感器更换

更换传感器时务必对采集器断电,之后按照对应线序逐步替换,可有效避免线序接错。

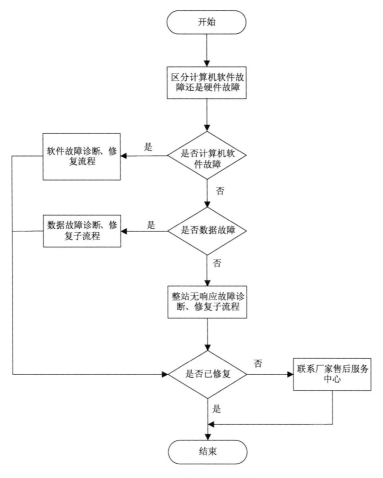

图 4-4　故障判别总流程

（4）运行调试

运行调试前再次仔细检查所更换部件的接线是否正确，确认正确后方可通电，通电 1～3 分钟后用串口调试助手等工具软件发送部件对应命令查看数据返回情况。

第5章　观测场工程建设

5.1　观测场基础

（1）基本标准

地面气象观测场实行标准化、规范化建设。各地市、县级气象局要按照统一规划、统一设计、统一标准的要求建设地面气象观测场和布设安装仪器，同时为满足综合气象观测发展的需要，本着适度超前，整体规划，互不影响，布局合理的原则实施相关建设。

本手册中观测场及观测仪器布设标准是对《地面气象观测规范》的细化，地面气象观测场新建、改建和仪器布设安装的要求请参照本标准执行。

观测站一般需建设围墙或围栏，当围墙与观测场围栏的距离不符合《气象设施和气象探测环境保护条例》所规定的障碍物距离标准时，应将围墙改为通透式的围栏以改善气象探测环境。

站内建设应环保，尽量减少硬化的水泥地。

各类仪器的支架（支柱，包括地温表支撑架）、踏板应牢固、美观，用油漆涂刷为白色（除自动气象站配套风杆、观测仪器及出厂配套设备外），不得使用对要素测量有影响的材质（如反光的不锈钢等）。观测场内地沟、小路、底座、踏板等应尽可能减少对自然状态的破坏。不得自行设置对要素测量有影响的各种装置。

各种电缆线应使用线管与地沟相连，线管要垂直、水平，与传感器相连处，尽可能少地使电缆线暴露在外。为防雨水流入管内，顶部应接向下的弯管。

在气象台站的醒目位置设置警示标志、标牌，告示气象探测环境和设施保护标准。

要设置地面气象观测环境评估的公示牌，按照中国气象局统一要求公示观测环境状况证书的内容。

在观测场附近适当位置安装实景监控系统，值班室内设监视平台，对观测场进行实时监视；也可以在观测场内安装红外报警器。

（2）观测场场地

地面气象观测场应为东西、南北向，大小应为25m×25m，有辐射观测项目的应为35m（南北向）×25m（东西向）。受条件限制的高山站、海岛站、无人站，观测场大小以满足仪器设备的安装为原则。

不得垫高观测场。

观测场地应平整，场内应整洁。场内应尽可能保持自然下垫面，草高不得超过20cm，避免养护草层对观测场内温、湿度环境造成影响。

除必建的小路外，观测场外四周2m范围内应与观测场内下垫面一致，不得用水泥或沥青等进行硬化。

降水较多的地区,四周可修建排水沟,以尽可能减少强降水时造成观测场内积水。排水沟的宽度为 30～50cm,深度为 20～30cm,并采取必要的安全措施。

应按《地面气象观测规范》要求在观测场附近平坦、开阔的地方设置积雪专用观测地段。

观测场内不宜安装装饰灯。为夜间观测方便,可在部分仪器旁安装采光灯(冷光源,功率不超过 25W),在地沟内铺设地下供电线缆。

(3)观测设施总体布局

以 35m(南北向)×25m(东西向)大小观测场为例,场内仪器设施布设参照图 5-1。

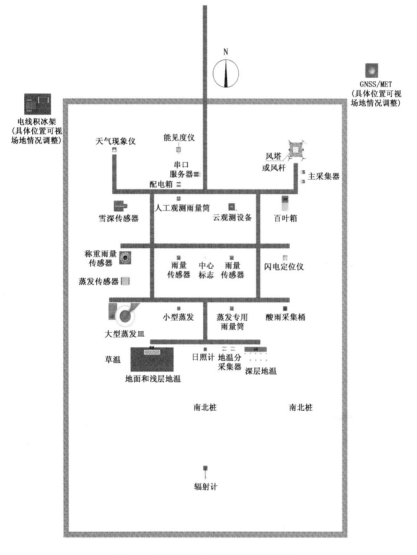

图 5-1　地面气象观测场布局示意图

台站没有的观测项目,可将其布设位置预留,以便今后业务发展需要,但不得随意增加仪器设备,观测场大小受限制的台站根据现有业务布局进行合理调整。

辐射观测仪器设置在观测场南扩 10m(南北向)×25m(东西向)地段内,位于观测场南北中心轴线上,距地温场南边缘垂距约8m处,避开支架和仪器阴影对地温观测的直接影响。

GPS/MET仪器基座不得安装在观测场内。

(4)地沟与小路

观测场内小路宽30～50cm,小路下面根据电缆铺设需要挖掘地沟。盖板以可活动的水泥预制板或石材铺设,以结实、美观、耐用为宜。

地沟深30～50cm(根据降水情况而定)、宽30cm,在地沟1/2深度处横向架设钢筋,每隔1.5～2.0m架设一根,地沟拐角和交叉处适当增加架设密度;地沟靠仪器安装位置一侧沟壁上应留有直径5～10cm的洞口;地沟底部和沟壁用砖砌实,以防地下水渗入,沟沿与观测场地面平齐或不高出3cm,防止雨水从观测场流入,地沟要留有排水涵洞,以防雨后积水。地沟盖板可高出观测场地面约5cm。

应在横向钢筋上铺设镀锌线槽,用于铺设仪器信号线和电源线。信号线和电源线尽量不在同一线槽内,各种接头或引出线端应使用专用接头和堵头,以保证线槽完全密封。受条件限制的,可以使用PVC管代替线槽。

地沟应做到防水、防鼠,便于铺设和维护。

(5)测站标志

在观测场外的进门处设置测站标牌,标牌使用亚光不锈钢或其他材料制作,大小为40cm(长)×65cm(高),安装高度不高于1.2m。标牌的内容包括观测站类别、建站时间。其中,观测站类别格式为"××××国家基准气候站"(或国家基本气象站或国家一般气象站,如:密云国家基准气候站),建站时间格式为"××××年××月"。

在观测场几何中心位置设中心地理标志,用水泥混凝土或其他石材制作,大小为30cm×30cm,与地面齐平或不高出3cm,中心位置标识出南北、东西向的十字线,在北、东的方位分别标注N、E,并雕刻经、纬度(精确到分,格式为度分)和海拔高度(精确到0.1m)。如图5-2所示。

图5-2　观测场中心地理标志

图5-3　地面气象观测场南北桩标志

(6)仪器南北标志

在风传感器、日照计的正南方分别设置南北标志。

南北标志(图5-3)位于观测场南边围栏内侧的地面上,用水泥混凝土或其他石材制作,大小为 10cm×10cm,与地面齐平或不高出 3cm,地桩应平整,安装应牢固,中心分别与风传感器、日照计相对应。

5.2 围栏

观测场四周应设置约 1.2m 高的稀疏围栏,围栏应坚固、美观、耐用,白色,不得使用对气象要素测量有影响的材质(如反光的不锈钢等)。栅条宽度应小于 8cm,栅条的间距应大于 10cm。围栏四周高度应一致,且水平。如图 5-4 所示。

一般在围栏立柱处建设基座,基座要保证围栏安装的牢固。为了对观测场地的标识,可在观测场四周建设完整的基座,其宽度、高度均以 15～20cm 为宜。

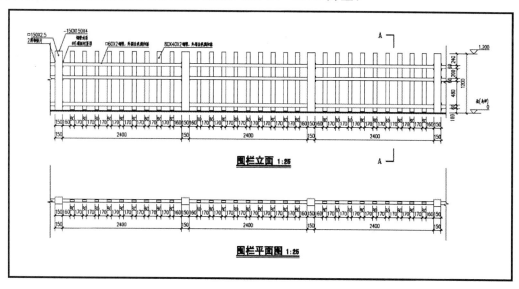

图 5-4 围栏设计施工图

5.3 设备基础

5.3.1 百叶箱

采用专用独立支柱安装,安装支柱的混凝土基础大小为 600mm(长)×600mm(宽)×550mm(高),高出地面 50mm,外露面平整光洁;地脚螺栓同时浇筑在混凝土中(或者用膨胀螺丝固定),并使其顶部高出混凝土表面 80mm。基础中央位置预埋入 $\varnothing$50mm 的 PVC 穿线管(管内注意预留铁丝),通向地沟。如图 5-5 所示。

百叶箱安装在支柱上,底边距地面的高度约为 125cm 左右,安装应牢固水平。

安放温湿传感器的支架可用圆形不锈钢管制作,位于百叶箱水平面的中心,电缆线由支架底部穿入管内,管顶取出,传感器固定在横臂的夹子中,头部向下。

沿海等出现大风天气的台站应提前在百叶箱周边安装拉线地栓,大风天气来临前挂接拉线,用于增强百叶箱抗风能力。

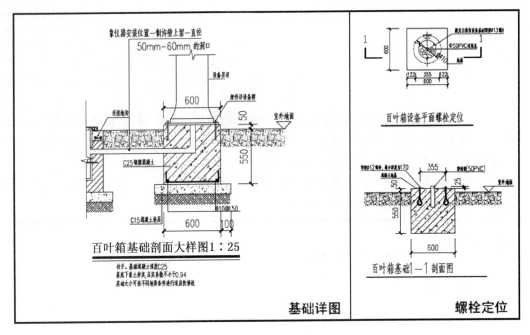

图 5-5　百叶箱基础及安装示意图

5.3.2　传感器和观测设备

（1）雨量传感器

雨量传感器用自制支架安装，安装支架的混凝土基础大小为 350mm（长）×350mm（宽）×550mm（深），高出地面 50mm，外露面平整光洁；地脚螺栓同时浇筑在混凝土中（或者用膨胀螺丝固定），并使其顶部高出混凝土表面 35mm。基础中央位置预埋入 $\varnothing$50mm 的 PVC 穿线管（管内注意预留铁丝），从水泥基础的底部通向地沟。如图 5-6 所示。

承水口保持水平，距地高度不低于 70cm±3cm。

用 16mm^2 接地线将仪器接地端子就近与观测场防雷地网连接。

安装支架需自制，高约 15cm。

图 5-6 中螺栓定位尺寸按 SL3-1 型雨量传感器设计。

（2）雨量筒

人工观测雨量筒使用配套支架安装，支架基座用水泥混凝土浇筑，大小约为 350mm（长）×350mm（宽）×550mm（深），高出地面 50mm，外露面平整光洁。如图 5-7 所示。

支架应安装牢固，筒口水平，距地高度 70cm±3cm。

（3）称重雨量传感器

混凝土基础大小为 1100mm（长）×1100mm（宽）×550mm（深），高出地面 50mm，外露面平整光洁；地脚螺栓同时浇筑在混凝土中（使用厂家提供的预埋件，注意方向），并使其顶部高出混凝土表面 35mm。基础中央位置预埋入为 $\varnothing$50mm 的 PVC 穿线管（管内注意预留铁丝），从水泥基础的底部通向地沟。如图 5-8 所示。

承水口保持水平，距地高度 120cm±3cm（北方积雪较厚的个别地区可以选择 150cm±3cm），防风圈开口朝北，高于承水口约 2cm。

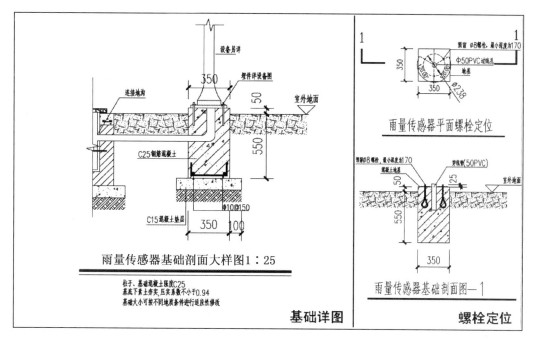

图 5-6　雨量传感器基础及安装示意图

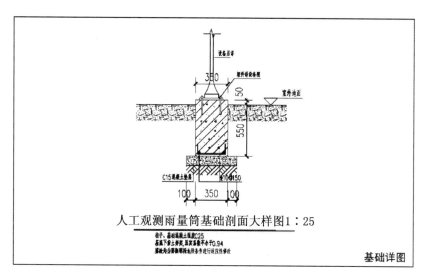

图 5-7　人工观测雨量筒基础及安装示意图

用 16mm² 接地线将仪器接地端子就近与观测场防雷地网连接。

图 5-8 中预埋件尺寸按 DSC1 设计。

(4)雪深传感器

混凝土基础大小为 300mm(长)×300mm(宽),基础深度应超过非永久冻土层且不小于 300mm,高度地面 50mm。传感器支架应牢固安装在基座上。在安装基础正西面做一边长为 90cm 的正方形且与观测场地面齐平的硬化平整裸地作为测量基准面,测量基准面中心距安装基础中心 60cm。如图 5-9 所示。

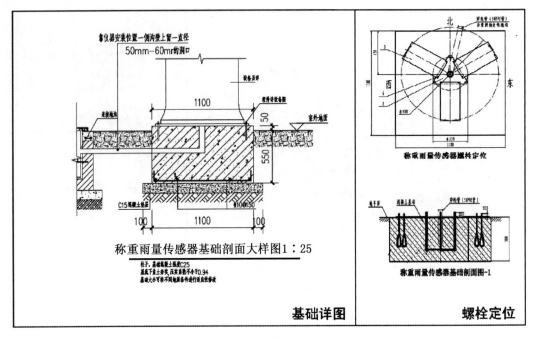

图 5-8　称重雨量传感器基础及安装示意图

测距探头距地面垂直高度一般选择 150cm±3cm,在北方雪深较深的个别地区可以根据实际情况进行调整至 200cm±5cm。传感器测距探头应朝向西方,测量路径上无任何遮挡。

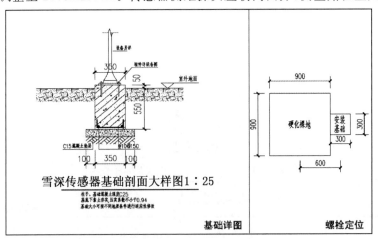

图 5-9　雪深传感器基础及安装示意图

(5)大型蒸发皿

蒸发桶基础:在蒸发桶安装位置挖圆柱形土坑,土坑的直径约为 80cm,深度为 40cm。百叶箱基础和蒸发桶安置土坑之间挖南北走向,宽 20cm、深 20cm 的管道沟。安装时,力求少挖动原土层。如图 5-10 所示。

埋放蒸发桶:蒸发桶器口离地 30cm,水圈高度低于蒸发桶口缘的 7.5cm,土圈宽度为30cm;在土圈外围,应有防塌设施,可用预制弧形混凝土块拼成,或用水泥砌成外围,在东南方向留一个 40cm 的观测缺口。蒸发桶放置在土坑内,先用少许土稳定,蒸发桶侧面连接测量桶的管道接头朝北,蒸发桶器口离地面高 30cm,待整个系统安装调试完成后,桶周围泥土再回填捣实。

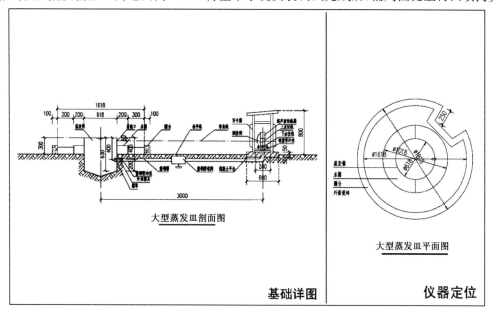

图 5-10　大型蒸发皿基础及安装示意图

(6)蒸发传感器

新型自动气象站蒸发传感器采用连通器原理,蒸发传感器用百叶箱安装在以蒸发桶中心的东西线为基线以北 3m 的位置。如图 5-11 所示。

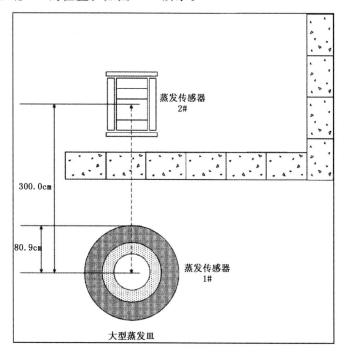

图 5-11　蒸发传感器位置布局图

百叶箱基础:用于安放蒸发传感器的百叶箱位于大型蒸发皿的正北侧,距蒸发桶中心 3m。

百叶箱安装在 U 形的混凝土基础上,箱门朝南。基础大小为 800mm(东西)×600mm(南北)×550mm(深),高出地面 50mm,外露面平整光洁。

　　U 形混凝土基础的开口朝南,中间 U 形开口大小为 360mm(内径)×600mm(长),四个地脚螺栓分别浇筑在混凝土基础内(为保证四个螺栓定位准确,建议预先制作定位板),相互距离为:南北向 330mm,东西向 590mm,螺纹端高出平台基础表面 50mm。如图 5-12 所示。

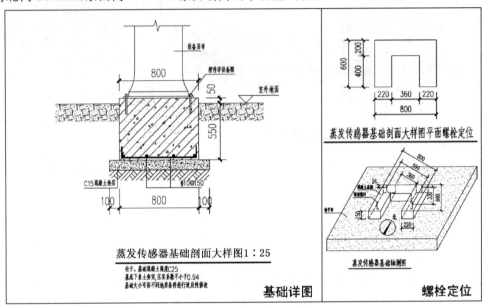

图 5-12　蒸发传感器基础及安装示意图

　　(7)天气现象仪

　　天气现象仪混凝土基础大小为 400mm(长)×400mm(宽)×550mm(深),高出地面 50mm,外露面平整光洁;用 3 件 M12 螺栓和适量钢筋做成钢框架将地脚螺栓浇筑在混凝土中(或者用膨胀螺丝固定),并使其顶部高出混凝土表面约 35mm。基础中央预埋入 ∅50mm 的 PVC 穿线管(管内注意预留铁丝),从水泥基础的底部通向地沟。如图 5-13 所示。

　　能见度采样区域中心距地高度 280cm±10cm,横臂为南北向。

　　用 16mm² 接地线将仪器接地端子就近与观测场防雷地网连接。

　　图 5-13 中预埋件尺寸按 HY-MPW11 制作。

　　(8)能见度仪

　　凝土基础大小为 400mm(长)×400mm(宽)×550mm(深),高出地面 50mm,外露面平整光洁;用 4 件 M16 螺栓和适量钢筋做成钢框架将地脚螺栓浇筑在混凝土中(或者用膨胀螺丝固定),并使其顶部高出混凝土表面约 50mm。基础中央位置预埋入 ∅50mm 的 PVC 穿线管(管内注意预留铁丝),从水泥基础的底部通向地沟。如图 5-14 所示。

　　能见度采样区域中心距地高度 280cm±10cm,横臂为南北向。

　　用 16mm² 接地线将仪器接地端子就近与观测场防雷地网连接。

　　图 5-14 中预埋件尺寸按 HW-N1 设计。

　　(9)激光云高仪

　　混凝土基础大小为 600mm(长)×600mm(宽)×550mm(深),高出地面 50mm,外露面平整光

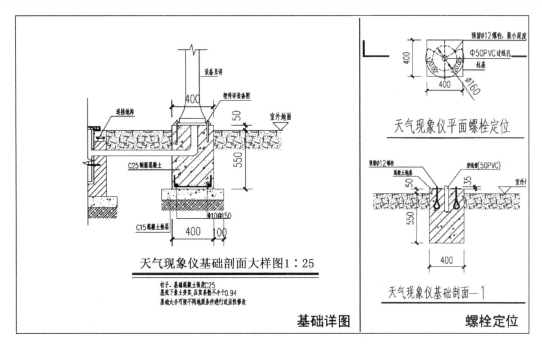

图 5-13　天气现象仪仪器基础及安装示意图

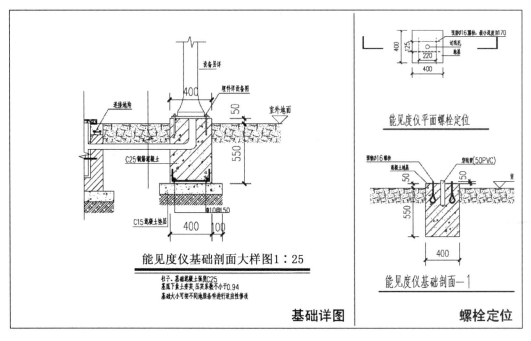

图 5-14　能见度仪器基础及安装示意图

洁;采用定位板将 7 个地脚螺栓浇筑在混凝土中(或者用膨胀螺丝固定,其中 4 个用于安装云高仪,3 个安装电源箱),并使其顶部高出混凝土表面约 50mm。基础安装云高仪位置中央预埋入 $\varnothing$50mm 的 PVC 穿线管(管内注意预留铁丝),从水泥基础的底部通向地沟。如图 5-15 所示。

云高仪电源箱和云高仪背靠背,采用独立支柱安装。

用 16mm² 接地线将仪器接地端子就近与观测场防雷地网连接。

图中预埋件尺寸按 CL51 设计。

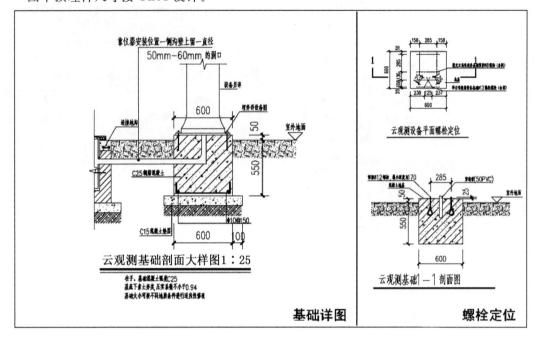

图 5-15　激光云高仪基础及安装示意图

（10）日照计

日照计用自制支架安装，安装支架的混凝土基础大小为 350mm（长）×350mm（宽）×550mm（深），高出地面 50mm，外露面平整光洁；支架用膨胀螺丝与基座固定。如图 5-16 所示。

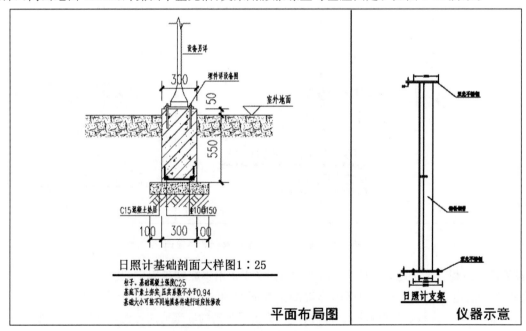

图 5-16　日照计基础及安装示意图

支架距地高度以便于操作为宜,日照计的安装按《地面气象观测规范》要求进行。

日照计的支架可用钢管、铸铁、亚光不锈钢管或木质制作。

(11)深层地温

深层地温自东向西一字排开分别为 40cm、80cm、160cm、320cm。每只地温表(或传感器)之间间隔 50cm。如图 5-17 所示。

预先将地温套管预埋进去,每根地温套管分别有一条红线,红线与地平面齐平。

每根深层地温的正南前应预埋一根 ∅50mm 的 PVC 管,高度与地温套管相同。PVC 管串联后通向地沟。

地温变送器应放置在日照计的东边(小路南侧)。应事先埋好 PVC 管,一端升出地面在地温变送器的附近,另一端通向地沟。

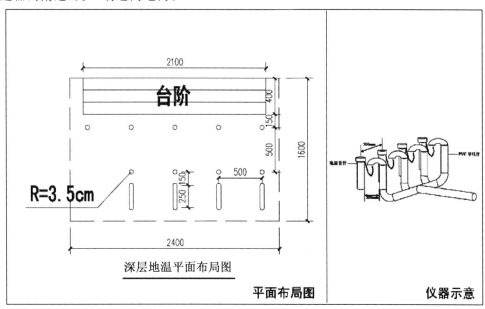

图 5-17　深层地温基础及安装示意图

(12)小型蒸发皿

小型蒸发皿用自制支架安装,安装支架的混凝土基础大小为 350mm(长)×350mm(宽)×550mm(深),高出地面 50mm,外露面平整光洁;支架用膨胀螺丝与基座固定。如图 5-18 所示。

蒸发皿器口保持水平,距地高度不低于 70cm。

安装支架需自制,托盘高约 600mm,托盘周围安一圈架,圈架高度不超过 100mm。

(13)地表和浅层地温

安放地面温度表(含传感器)和浅层地温表(含传感器)的地温场面积为 2m×4m。地表疏松、平整、无草,并与观测场整个地面相平。

如图 5-19 所示,安放两套地温传感器的台站,各地温传感器的安放位置如平面布局图(右上图)所示,两个地温支架中心位于地温场东西中心线上,分别位于地温南北中心线左右各 10cm 处;安放一套自动传感器、一套人工表的台站,人工地面最低温度表安装在地温场南北中轴线上偏西一侧,感应部分距地温场东西中轴线的距离为 10cm,人工浅层地温表安装在人工

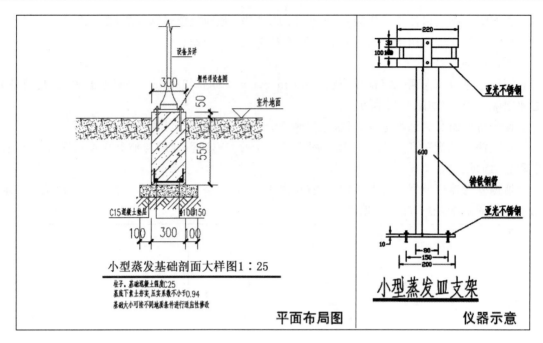

图 5-18　小型蒸发皿基础及安装示意图

地面温度表感应部分西侧 20cm 处,位于地温场南北中轴线上。自动传感器支架中心线位于南北中轴线偏东一侧 10cm 处。

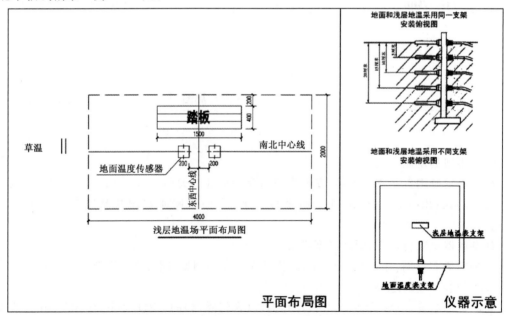

图 5-19　地表和浅层地温基础及安装示意图

草面温度传感器安置在地温场西边 50cm 处,传感器南北安置。

距地温表北面相距约 40cm 处,顺东西向设置一观测用的栅条式木制踏板。踏板宽约 30cm,长约 100cm。

各地温传感器或地温表的具体安装规范详见《地面气象观测规范》。

（14）闪电定位仪

混凝土基础大小为 400mm（长）×400mm（宽）×550mm（深），高出地面 50mm，外露面平整光洁；浇筑混凝土基础时，预先埋进三根螺栓（M12×300），均布在 ∅288mm 的圆周上，并使其顶部高出混凝土表面 35mm。基础中央预埋入 ∅50mm 的 PVC 穿线管（管内注意预留铁丝），从水泥基础的底部通向地沟。如图 5-20 所示。

仪器支柱通过其底盘上的安装孔固定在基础上，固定可采用每根螺杆上加四个螺母的方式，其中两个用于固定在基座上，另两个用于固定仪器舱的底盘。通过调节后两个螺母上下位置即可调节观测设备的水平度。其他安装技术要求详见相应技术手册或规范。

用 16mm² 接地线将仪器接地端子就近与观测场防雷地网连接。

图 5-20 中预埋件尺寸按 ADTD 闪电定位仪设计。

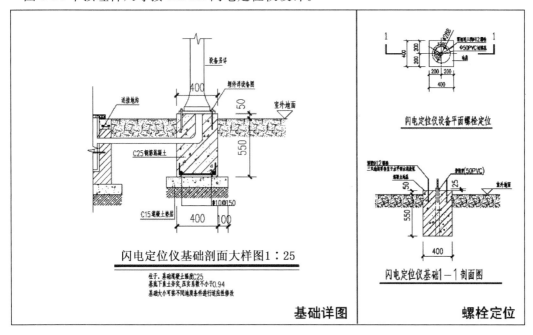

图 5-20　闪电定位仪基础及安装示意图

（15）酸雨采样桶

酸雨采样桶用自制支架安装，安装支架的混凝土基础大小为 400mm（长）×400mm（宽）×550mm（深），高出地面 50mm，外露面平整光洁；支架用底盘通过膨胀螺钉固定在基座上。如图 5-21 所示。

承水口保持水平，距地高度 120cm。

采样桶支架需自制（如图 5-21 所示），可选用亚光不锈钢材料。支柱高度为 75cm，外径为 8cm，上部的采样桶架应能方便地安放、收取，又能稳妥地固定放置。

（16）太阳辐射设备

辐射观测仪器由配套的专用支架安装，安装支架的混凝土基础大小为 400mm（长）×400mm（宽）×550mm（深），高出地面 50mm，外露面平整光洁；基础中央位置预埋入 ∅50mm 的 PVC 穿线管（管内注意预留铁丝），从水泥基础的底部通向地沟。支架用底盘通过膨胀螺钉

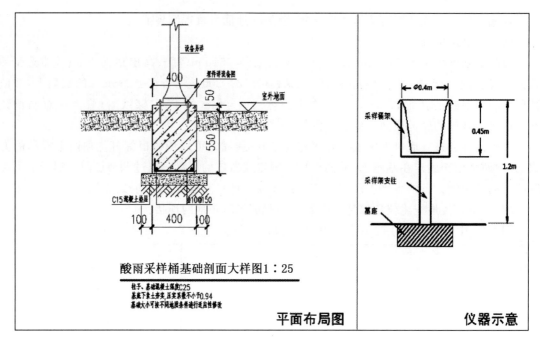

图 5-21　酸雨采样桶基础及安装示意图

固定在基座上。如图 5-22 所示。

　　支架安装面距地高度 1.5m,各辐射表安装需符合《地面气象观测规范》要求。

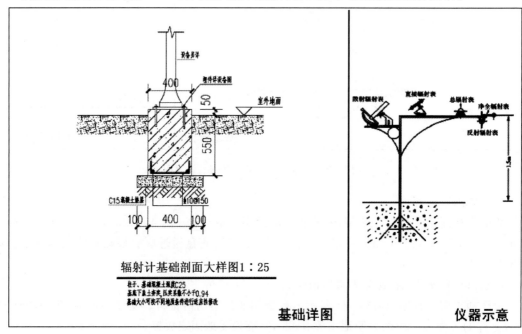

图 5-22　辐射设备基础及安装示意图

(17)电线积冰架

电线积冰架安装在观测场外北侧的适宜地段。支架材料为角钢,有条件的可以采取亚光不锈钢,若为角钢应做好防锈处理和漆成白色。如图 5-23 所示。

应安置专用踏梯,东西、南北向各一个,大小一致,长约 60cm,2～3 级台阶,每级高约 20cm、宽约 30cm。踏梯放置在地面应平稳。

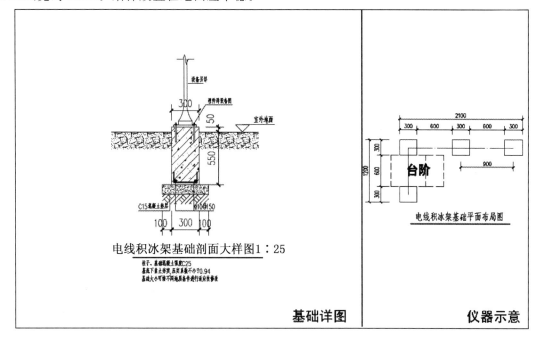

图 5-23　电线积冰架基础及安装示意图

(18)GNSS/MET

观测墩一般为钢筋混凝土结构,依据建站地理、地质环境,观测墩可分为基岩观测墩、岩石观测墩、土层观测墩和屋顶观测墩四类。本设计为土层观测墩,测站应根据地质条件、周边环境条件,具体设计观测墩。如图 5-24 所示。

观测墩应高出地面 2m,一般不超过 5m;应加装防护层,防止风雨与日照辐射对观测墩的影响;钢筋混凝土墩体应埋于解冻线 2m 以下;观测墩与地面接合四周应做不低于 5cm 左右的隔振槽,内填粗沙,以减轻振动带来的影响。

观测墩应浇筑安装强制对中标志,并严格整平,墩外壁应加装(或预埋)适合线缆进出硬制管道(钢制或塑料),起保护线路作用;观测墩及天线应进行雷电防护系统建设。

5.3.3　采集器

(1)自动气象站主采集器

采集器由配套的专用立柱安装,安装立柱的混凝土基础大小为 400mm(长)×400mm(宽)×550mm(深),高出地面 50mm,外露面平整光洁;基础中央位置预埋入 ∅50mm 的 PVC 穿线管(管内注意预留铁丝),从水泥基础的底部通向地沟。立柱底盘通过膨胀螺钉固定在基座上。如图 5-25 所示。

采集器机箱和电源箱用抱箍固定在立柱上,采集器箱门面向南北向小路,电源箱门背向小路,距地高度以气压传感器距地高度为准,安装有两套自动站的,两个采集器的距地高度应一致。

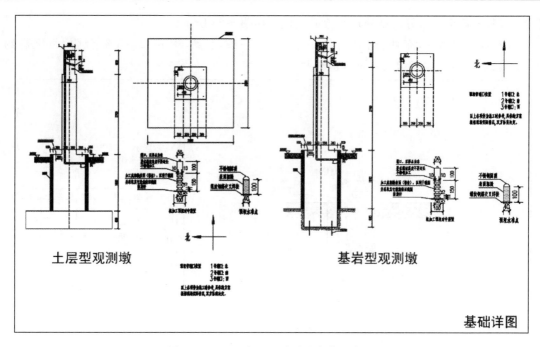

图 5-24　GNSS/MET 基础及安装示意图

连接采集器的传感器接线、通信电缆、外部电源线和接地线要通过机箱的专用孔进出，连接牢固；接地电缆尽可能短，无弯曲。

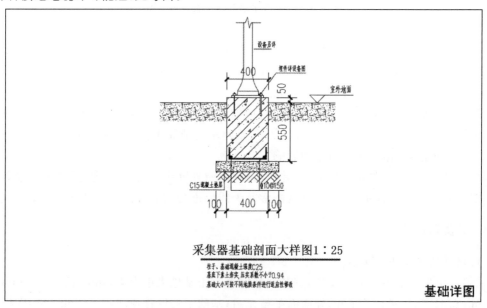

图 5-25　采集器基础及安装示意图

（2）硬件集成控制器

综合集成硬件控制器（又称"串口服务器"）用配套的专用立柱安装，安装立柱的混凝土基础大小为 400mm（长）×600mm（宽）×550mm（深），高出地面 50mm，外露面平整光洁；基础适当位置预埋入 2 个 ∅50mm 的 PVC 穿线管（管内注意预留铁丝），从水泥基础的底部通向地沟。立柱底盘通过膨胀螺钉固定在混凝土基座上。如图 5-26 所示。

控制器主机箱和电源箱用抱箍背靠背固定在立柱上。

安装示意以华云生产的设备为例。

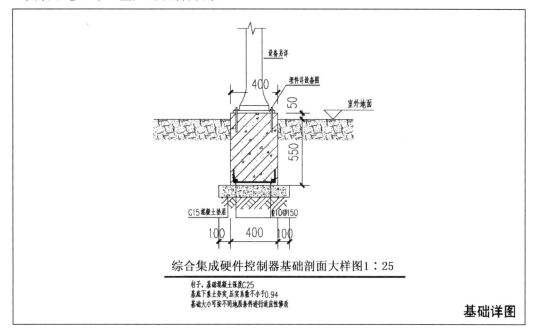

图 5-26　硬件集成控制器基础及安装示意图

5.3.4　风杆

风杆底座基础大小为 400mm（长）×400mm（宽）×1500mm（深），高出地面 50mm，用 3：1 的沙石水泥浇筑，浇筑时应加钢筋笼。浇筑风杆底座时应将定位板一同浇筑，并用指北针精确定位南北方向，预埋 3 个地脚螺栓，同一侧的两颗螺栓顶部高出混凝土表面 45~48mm，另一侧的一颗螺栓高出 84mm。如图 5-27 所示。

拉线基础应距风杆基础 5m，3 个拉线基础为等边三角形，两根拉线基础与风杆基础之间的夹角为 120°。

风杆基础旁边应预留两根 PVC 管，高出地面 600mm，另一端直接通向地沟。一根为 ∅100mm 用来穿观测场内各个传感器的信号线，另一根 ∅50mm 用来穿从观测室接到观测场的交流电源线。

安装风传感器的横臂应呈南北向，风向传感器的指南（北）针与横臂平行。

5.3.5　风塔

风塔基础施工时，需预先开挖尺寸 220cm（长）×220cm（宽）×100cm（深）的基坑，挖到设计深度后，将基坑底面夯实后，浇筑 50mm 厚的 50♯ 水泥砂浆垫层，待垫层初凝后安装钢基础，铁塔安装结束后，浇筑 C30 混凝土。本基础适用于 9m 风塔，风塔基础及风塔安装施工应由专业施工公司按设计图纸施工。如图 5-28 所示。

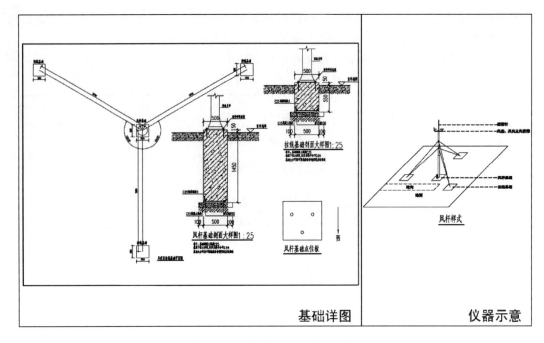

图 5-27　风杆基础及安装示意图

特殊地质条件(岩石、沙地等)的在平台正东西两侧各焊接一根 ∅54mm 的无缝钢管(垂直、顶端高出平台面 1.5m)。两套风传感器安装在钢管上,两套风传感器之间的距离为 1.5m。风传感器的横臂应呈南北向,风向传感器的指南(北)针与横臂平行。风传感器信号电缆和防雷引下线各穿在一根 ∅50mm 的 PVC 线管内,沿风塔立柱角钢内侧从顶部下行至地沟内。

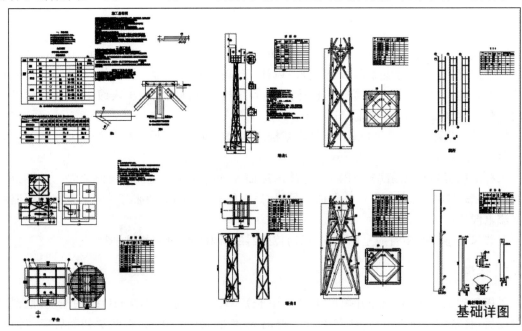

图 5-28　风塔基础及安装示意图

5.4　防雷

台站应尽可能在观测场处设置独立避雷针,使观测场仪器设备在直击雷防护区内,观测场和值班室的防雷具体安装应符合《GB 50057—1994　建筑物防雷设计规范》、《QX 30—2004 自动气象站场室防雷技术规范》和《地面气象观测规范》的要求。

第6章　地面综合观测设备安装

6.1　新型自动气象站

6.1.1　数据采集器

参照《主采机箱和供电机箱安装示意说明》安装主采机箱和电源机箱。如图 6-1 所示。

图 6-1　主采机箱和电源机箱安装

6.1.2　智能温湿度传感器

按照客户选择的百叶箱型号不同,分别参照《通达百叶箱及温湿分采安装示意说明》、《南京蒸百百叶箱及温湿分采安装示意说明》安装百叶箱及温湿分采。如图 6-2 和图 6-3 所示。

图 6-2　通达百叶箱及温湿分采安装

图 6-3　南京蒸百百叶箱及温湿分采安装

6.1.3　自动蒸发传感器

参照《蒸发 AG2.0 安装示意图说明》安装大型蒸发皿、溢流筒和小蒸发百叶箱,蒸发传感器安装在小百叶箱内。如图 6-4 所示。

安装铝塑管时,要特别注意不能出现 U 形。

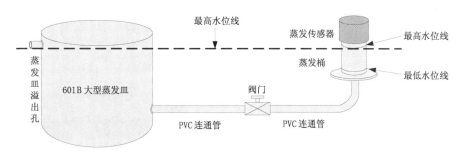

图 6-4　大型蒸发安装示意图

6.1.4　固态降水传感器

参照《DSC2 称重式降水传感器总装示意说明》和《称重雨量机箱安装示意说明》安装称重雨量传感器和称重雨量采集器机箱。如图 6-5 和图 6-6 所示。

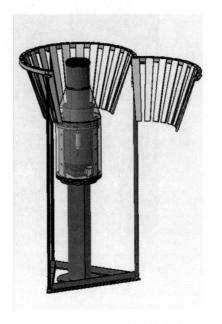

图 6-5　称重雨量传感器安装

图 6-6　称重雨量采集器机箱安装

6.2　云能天观测设备

6.2.1　前向散射能见度仪

安装时应按照以下步骤完成：

（1）按照地基图纸的要求建造地基。

（2）开箱取出立杆，竖起立杆到预埋螺栓上，紧固地脚螺钉。

（3）安装 HY-35 能见度传感器。

（4）安装采集器机箱。

（5）连接 HY-35 到机箱的电缆。

（6）铺设与外部连接的电缆，包括：数据的输出电缆，220VAC 供电电缆。

（7）连接机箱到外部的信号输出电缆，为 3 芯带屏蔽的信号缆。

（8）连接外部输入到机箱的 220VAC 供电电缆。

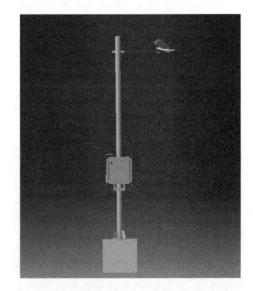

图 6-7　能见度传感器和天气现象传感器安装

（9）连接内部插头，开始测试设备。

安装示意如图 6-7 所示。

6.2.2　降水现象仪传感器

安装时应按照以下步骤完成:

(1)按照厂家提供地基图纸的要求建造地基。

(2)开箱取出立杆,竖起立杆到预埋螺栓上,紧固地脚螺钉。

(3)安装 HY-35P 能见度传感器。

(4)安装 WXT520 传感器。

(5)安装采集器机箱。

(6)连接 HY-35P 到机箱的电缆。

(7)连接 WXT520 到机箱的电缆。

(8)铺设与外部连接的电缆,包括:数据的输出电缆,220VAC 供电电缆。

(9)连接机箱到外部的信号输出电缆,为 3 芯带屏蔽的信号线缆

(10)连接外部输入到机箱的 220VAC 供电电缆。

(11)连接内部插头,开始测试设备。

使用传感器支臂安装 HY-V35P 时,请按图 6-8 和图 6-9 所示进行操作。

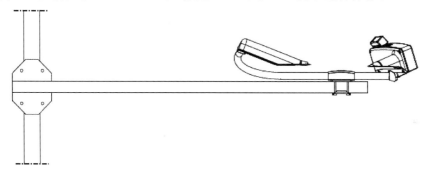

图 6-8　将 HY-V35P 安装到支臂上

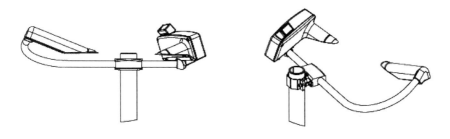

图 6-9　使用法兰配件将子配件安装到桅杆上

6.2.3　激光云高仪

安装步骤如下:

(1)按照要求浇筑水泥地基。

(2)竖起立杆,地面打 3 个孔,使用紧固膨胀螺钉紧固即可。

(3)竖起云高仪,地面打孔紧固膨胀螺钉。

激光云高仪的安装是其底盘上的 7 个孔,为两组,一组是 4 个孔组成的正方形,一组是 3 个孔组成的三角形。选择任一组在水泥平面上打孔使用膨胀螺栓固定即可。

(4)安装采集器机箱。

(5)连接云高仪的电缆到机箱。

(6)铺设与外部连接的电缆,有两根电缆,一是数据的输出电缆,一是 220VAC 供电电缆。

(7)连接机箱到外部的信号输出电缆,为 3 芯带屏蔽的信号线缆

(8)连接外部输入到机箱的 220VAC 供电电缆。

(9)连接内部插头,开始测试设备。

6.2.4　硬件集成控制器

硬件集成控制器安装如图 6-10 所示。主要由安装立杆、硬件集成控制器机箱和电源箱组成。

电源箱　　　　　　硬件集成控制器机箱

图 6-10　外观示意图

硬件集成控制器机箱内部结构如图 6-11 所示。主要包括串口设备联网服务器 NPort5650-8-DTL-J、串口隔离器 GL-3、RS232/485 转换器 P-580 和光纤交换机 EDS-205A-M-ST。

硬件集成控制器电源箱内部结构如图 6-12 所示。主要包括交流充电控制器、蓄电池及相应的空气开关保险等。

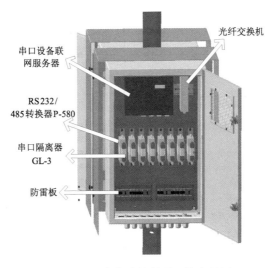

串口设备联
网服务器

光纤交换机

RS232/
485转换器P-580

串口隔离器
GL-3

防雷板

图 6-11　硬件集成控制器机箱布局图

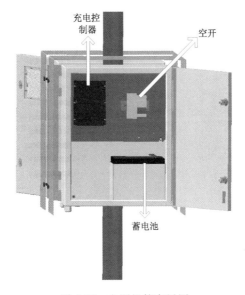

充电控
制器

空开

蓄电池

图 6-12　电源机箱布局图

6.3　接线方法

6.3.1　主采集器

主采集器机箱接线如图 6-13、图 6-14、图 6-15 所示,其中图 6-15 为电源箱接线图。

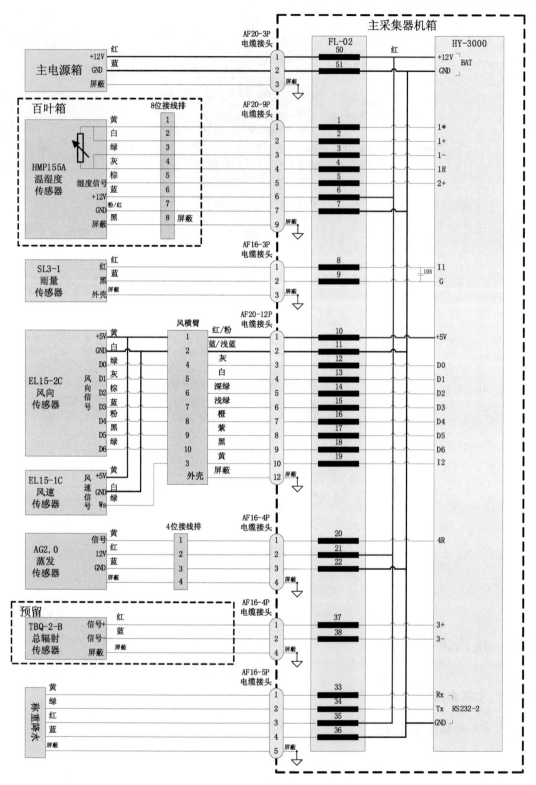

图 6-13　DZZ5 型自动站：主采集器机箱接线图（一）

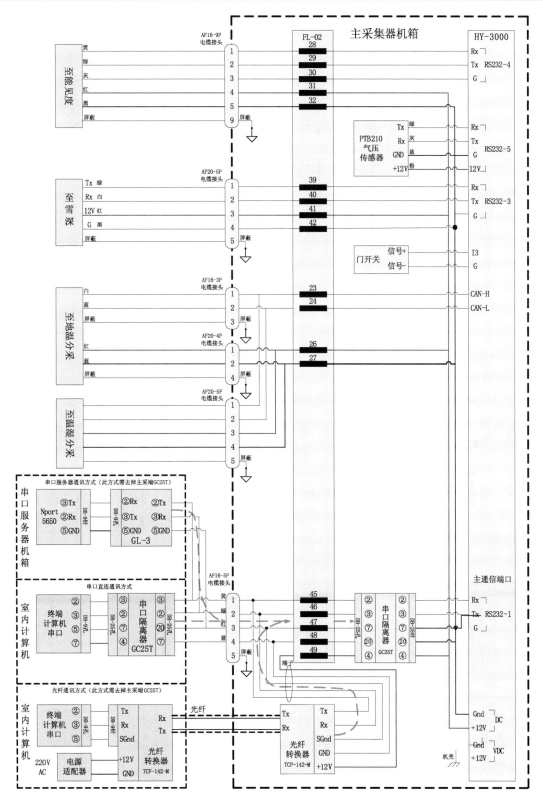

图 6-14　DZZ5 型自动站:主采集器机箱接线图(二)

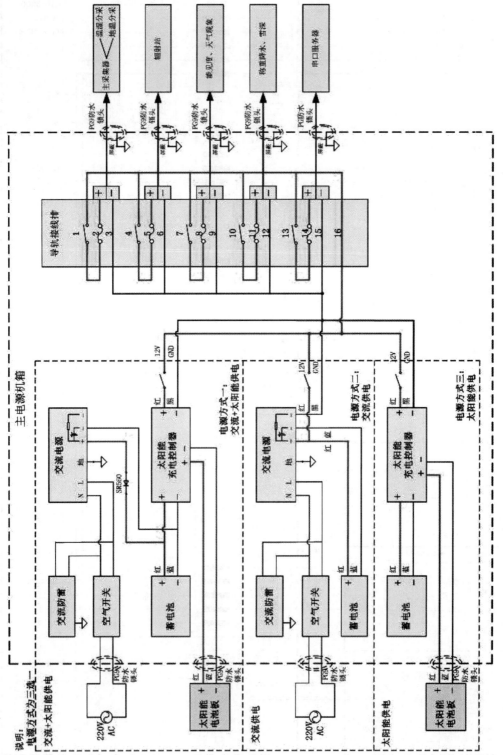

图6-15　CAWS3000型自动站：DY-05电源机箱接线图

6.3.2 地温采集器

地温分采机箱接线如图 6-16 所示。

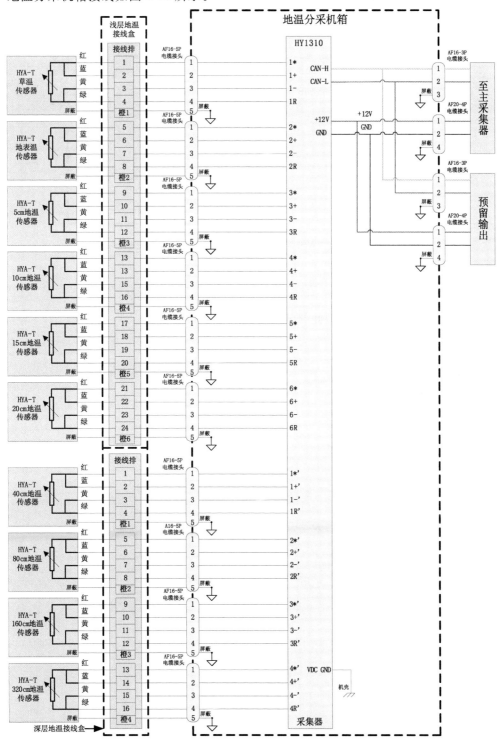

图 6-16 CAWS3000 型自动站:地温分采浅层地温机箱接线图

6.3.3　智能温湿度传感器

温湿分采接线如图 6-17 所示。

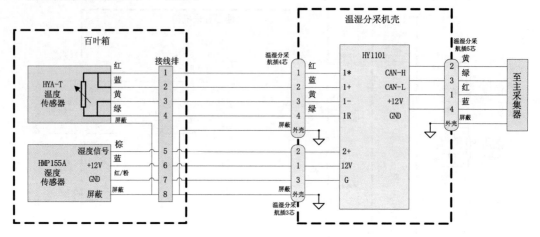

图 6-17　CAWS3000 型自动站:温湿分采机箱接线图

6.3.4　自动蒸发传感器

蒸发传感器连接至主采集器,此部分接线参见 6.3.1。

6.3.5　固态降水传感器

固态降水机箱接线如图 6-18 所示。

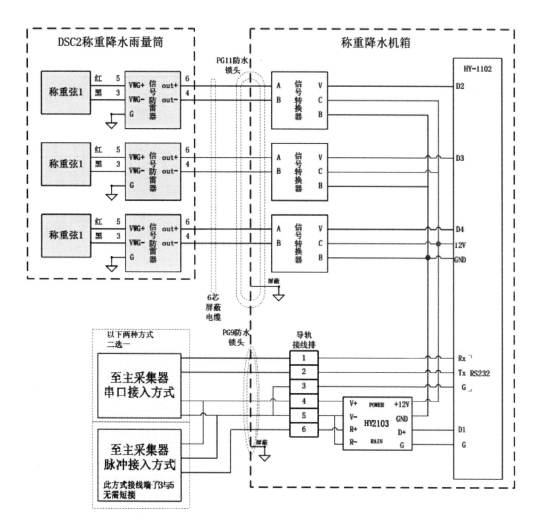

图 6-18　DSC2 型称重式降水传感器机箱接线图

6.3.6　前向散射能见度仪

能见度机箱接线如图 6-19 所示。

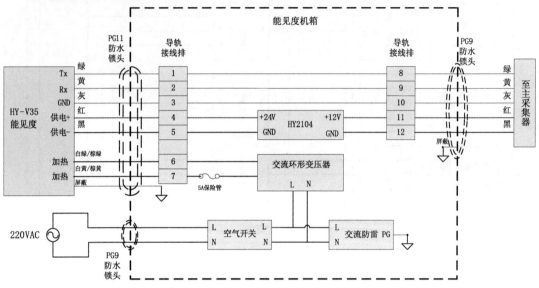

图 6-19　CAWS3000 型自动站:能见度机箱接线图

6.3.7　降水现象仪传感器

降水现象仪接线如图 6-20 所示。

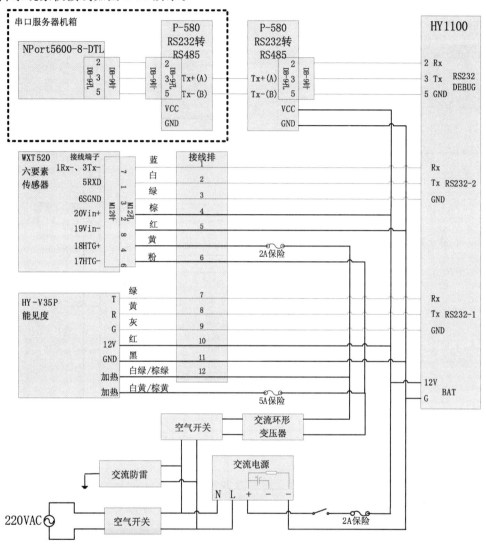

图 6-20　降水天气现象仪接线图

6.3.8　激光云高仪

云高仪接线如图 6-21 所示。

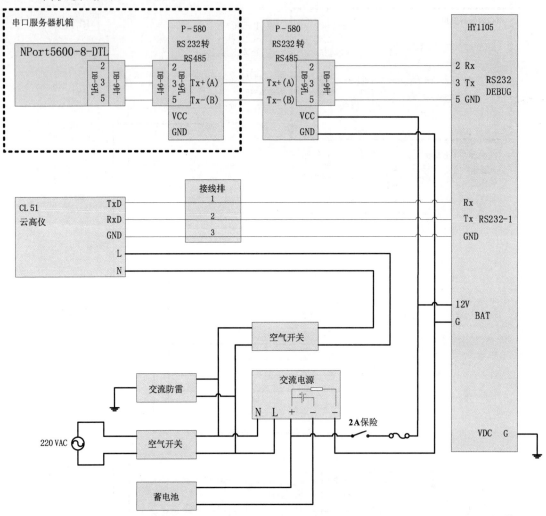

图 6-21　激光云高仪接线图

6.3.9　硬件集成控制器

硬件集成控制器接线如图 6-22、图 6-23 所示。

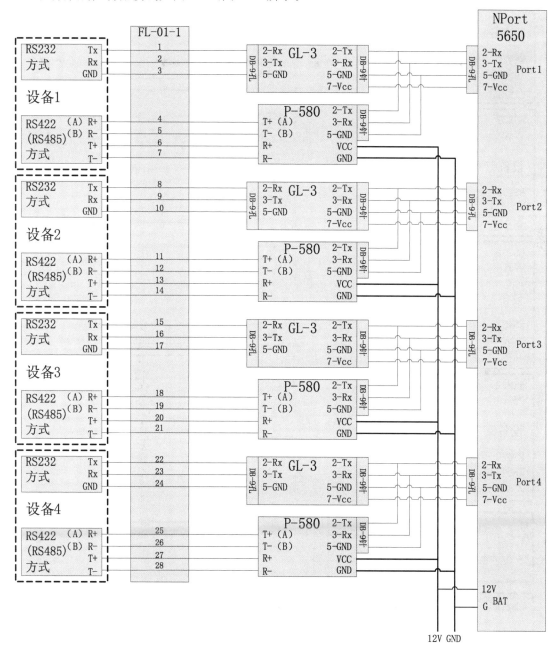

图 6-22　硬件集成控制器接线图（一）

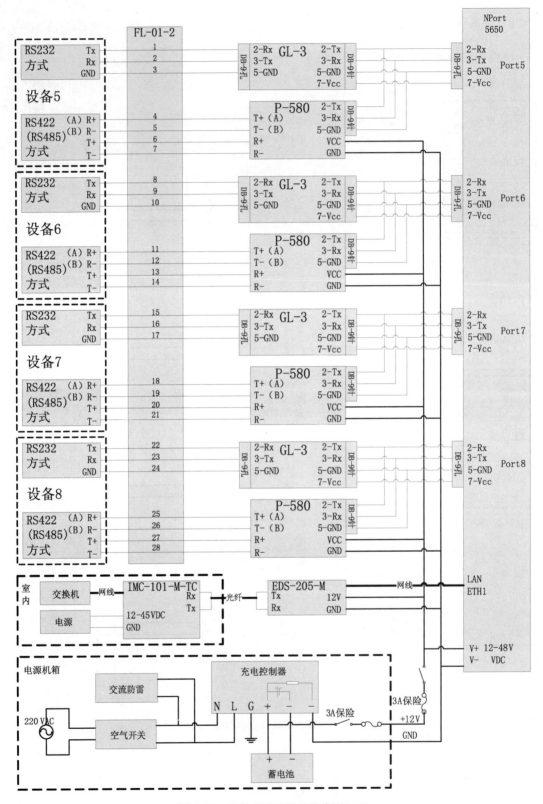

图 6-23　硬件集成控制器接线图(二)

6.4　运行调试

6.4.1　硬件调试

地面气象观测系统全部设备安装完毕之后,首先要再次核对各种设备部件安装是否正确、传感器安装是否符合规范要求,各种电缆连接是否正确,各机箱接地线连接可靠。

综上所述一切都正确后,设备通电之前还要检测电源输入、输出端有无短路现象,如正常即可开始进行通电测试。

对设备的调试检测首先从检查电源开始,使用万用表测试直流 12V 供电系统是否正常,包括:220V 交流电是否正常;充电电源控制器是否正常;蓄电池是否正常,能否正常充上电等。

电源检测正常后,给系统上电运行,检查各采集器的状态指示灯,查看各采集器是否能够正常工作。

6.4.2　软件调试

鉴于 ISOS-SS 软件发布不久,现阶段更新比较频繁,故软件安装时要注意软件版本号是否符合中国气象局气象探测中心规定,核实版本后按照软件说明书逐步完成安装设置(详细安装办法及设置细节参见第 2 章)。

第7章　故障诊断

第 4 章对故障进行了分类。从故障类别进行分类,新型站常见故障可以分为硬件故障和软件故障两类。硬件故障包括数据故障、通信故障和电源故障。软件故障主要是 ISOS 业务软件故障。

本章主要介绍数据故障诊断、通信故障诊断和电源故障诊断方法。

7.1　故障诊断流程

7.1.1　数据故障诊断流程

数据故障诊断流程如图 7-1 所示。向自动站发送 DMGD(对数据字典输出方式,数据读取指令为 READDATA)指令,检查返回的数据,找出不正确的气象要素数据项,据此查询对应章节的说明,按照手册中描述的故障定义、信号流向图和故障排查方法进行故障诊断。如果依据故障排查手册依旧无法诊断故障,请联系厂家技术服务中心进行咨询和报修。

7.1.2　整站无响应故障诊断流程

向自动站发送 DMGD 指令(对数据字典输出方式,数据读取指令为 READDATA),在接收不到自动站任何响应的情况下,按整站无响应故障诊断流程进行故障排查,流程如图 7-2 所示。

首先检查自动站的直流供电状态,如果自动站直流供电不正常,则按照本手册"电源系统故障"章节的描述进行供电排查;如果自动站直流供电正常,故障极可能出现在通信链路上,应依据本手册"通信系统故障"章节的指导进行通信系统排查。

如果依据本手册依旧无法诊断故障,请联系厂家技术服务中心进行咨询和报修。

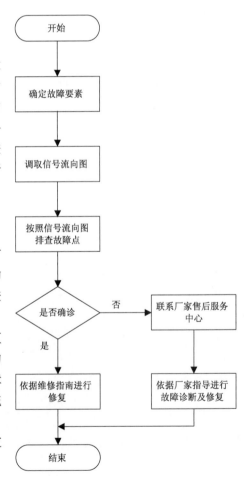

图 7-1　数据故障诊断流程

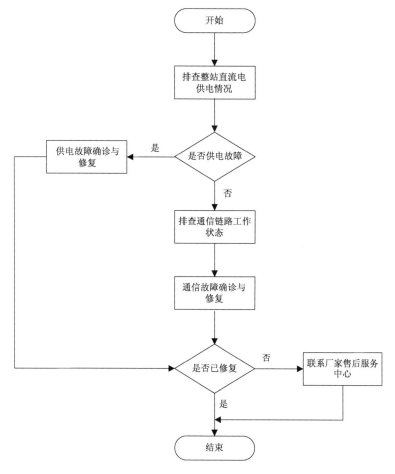

图 7-2 整站无响应故障诊断流程

7.2 常用故障诊断工具

排查故障时需准备下列工具:笔记本电脑一台
(内含串口调试助手软件)、万用表一只、USB 转串口线一根、双孔标准通信线一根、采集器测
试线一根、大头针或回形针一个(用于连接万用表表笔无法触及的部位)、内六角一套、螺丝刀、
小一字螺丝刀一个。如图 7-3 所示。

7.3 传感器故障诊断

7.3.1 温度传感器

主要故障现象:测量温度无;测量温度与实际值偏差较大;测量温度产生跳变。

(1)工作原理

温度传感器用于测量温度,其核心是对温度敏感的铂电阻,名称为 Pt-100 铂电阻,它的基

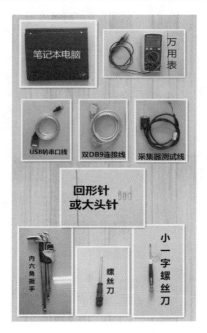

图 7-3　常用故障诊断工具

本测温原理是利用铂电阻的温度特性,温度升高其电阻值变大。Pt-100 铂电阻的测量是使用 4 线制标准测量方式,并满足 PT385 测温标准,其计算公式为

$$T = (R_t - 100)/0.385 \tag{7-1}$$

式中,T 为温度(℃),R_t 为铂电阻测量值。

Pt-100 温度传感器的基本原理接线图如图 7-4 所示。

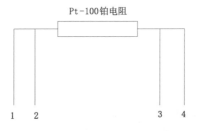

图 7-4　温度传感器接线原理图

为了便于说明,这里将四根接线分别定义为 1—4 号线(下同),测量 1、2 与 3、4 两端的电阻就可根据温度计算公式算出当前温度。

表 7-1　温度传感器主要技术指标

测量要素	测量范围	测量准确度	输出	元件类型
气温	−50～+60℃	±0.2℃(空气温度) ±0.3℃(地温)	四线制电阻值	Pt-100 铂电阻

(2)标准测量

采用标准万用表测量铂电阻,用 200Ω 电阻挡测量 1、2 两端应为近似短路,同样 3、4 两端也应为近似短路,如果 1、2 或 3、4 端线缆较长(如有温度信号延长线或为线长数十米的地温传感器)则其电阻一般应不大于 10Ω。1、2 两端与 3、4 两端之间的电阻值根据测量时温度不同而大小不一,一般应为 $80\sim125\Omega$。

　　(3)温度测量信号流向

　　无温湿分采的采集系统,温度测量信号流向图(图 7-5)标示了温度传感器由百叶箱感应温度直至 HY3000 数据采集器,测量出温度数值的测量通道的信号流向。通过图 7-5 可以看出,温度传感器的 1—4 端分别通过防雷板 1—4 通道接入 HY3000 采集器 $1*$、$1+$、$1-$、$1R$ 采集通道,由 HY3000 数据采集器将温度信号转换为数字信息。

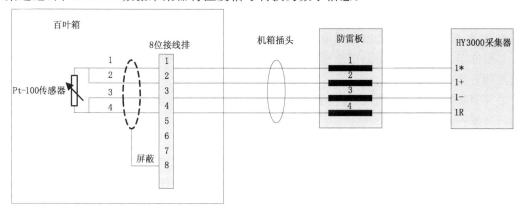

图 7-5　无温湿分采的采集系统温度测量信号流向图

　　含温湿分采的采集系统,与无温湿分采的采集系统温度测量方式不同。通过图 7-6 可以看出,温度传感器由百叶箱感应温度接入温湿分采温度插头的 1—4 端,由温湿分采将温度信号转换为数字信号。这些温度数字信号,通过 CAN 总线进入防雷板 20—21 通道后,接入 HY3000 数据采集器。

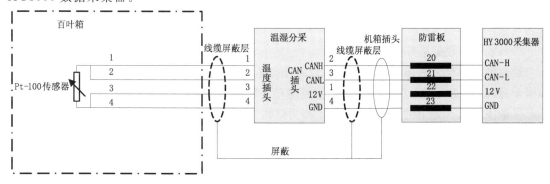

图 7-6　含温湿分采的采集系统温度测量信号流向图

　　(4)故障排查流程

　　温度传感器故障的排查应依据温度测量信号流向图进行,首先应检测温度传感器正常与否,确认温度传感器无故障后,就应确认通道是否正常。确认通道无故障后,检查 HY3000 数据采集器是否正常,如果数据采集器正常,就只能证明系统接地不良。通常情况下温度传感器故障只要排除了这几种情况,温度输出就应处于正常。

　　按照 DZZ5 的配置,分无温湿分采和有温湿分采两种类型进行故障排查。

(5)无温湿分采情况下故障排查方法

1)温度传感器排查

打开百叶箱中的温湿度接线盒测量其中接线排上的温度接线。测量方法如下：

- 测量1、2两端电阻值，应为短路。如阻值过大（大于2Ω），则说明传感器有故障。
- 测量3、4两端电阻值，应为短路。如阻值过大（大于2Ω），则说明传感器有故障。
- 测量1、3或2、4两端电阻值，应为100Ω左右，如有短路或阻值过大（大于125Ω）、过小（小于80Ω）都说明传感器有故障。

2)温度通道故障排查

无温湿分采的采集系统温度通道部分，是指从百叶箱接线排至HY3000数据采集器之间的所有硬件器材。它包含了温湿度接线排、温湿度延长线、防雷板、HY3000数据采集器插头等连接部分。

如果测量插头1—4符合原理性要求标准，而采集器数据测量不正常，则说明有可能通道故障。其排查方法如下：

- 检查温湿度接线排各个线缆是否连接可靠。
- 断开温度传感器1—4端（记录好温度传感器接线顺序），利用万用表二极管挡测量线缆1至2、3、4、端、2至3、4端、3至4端是否有相互短路的现象，如无则进入第3项排查。
- 将温湿度接线排1至2短路，至HY3000采集器端拔开通道1插头测量通道1插头1—2端是否短路，如短路为正常，如不短路说明线缆故障。
- 同理，将温湿度接线排3至4短路，至HY3000采集器端拔开通道1插头测量通道1插头3—4端是否短路，如短路为正常，如不短路说明线缆故障。
- 如以上均为正常，分别测量防雷板1—4端是否与地板短路，如短路为故障，不短路为正常。
- 如以上1—5点均为正常，则先将所有接线及温度传感器，按原接线方式恢复所有接线。并将通道1插头插入HY3000采集器中。

3)HY3000数据采集器故障排查

经过温度传感器故障排查和温度通道故障排查，如无问题则可以确认温度传感器及温度通道无故障，下面应进入HY3000采集器故障排查阶段，其排查方法如下：

- 取下串口1通道的插头，接入采集器测试线。其中9芯插头3脚与串口1通道Rx端连接、3脚与串口1通道Tx端连接、5脚与串口1通道G端连接。
- 将9芯插头与USB串口转换线连接后，接入笔记本电脑，打开串口调试助手软件。
- 发送DMGD取分钟数据命令，观察温度传感器数据数分钟是否正常，通常温湿度传感器应为正常。

如所有接线正常，而数据采集器无温度数据，则表明数据采集器故障，或温度质量控制参数有错误。

如所有接线正常，而数据采集器有温度数据，但温度数据无规则起伏大、乱跳，则说明有可能接地不良。

4)系统接地不良故障排查

采集系统接地，一般是指如下部分的连接：

- 主采集器与采集器机箱底板之间的连接。

- 机箱底板与防雷接地之间的连接。
- 防雷接地线与大地之间的连接。
- 主采集器端传感器连接线的屏蔽线与大地的连接。
- 传感器屏蔽线与传感器延长线的屏蔽线之间的连接。
- 防雷接地的接地电阻(应小于 4Ω)。

用万用表仔细检查这些点之间的连接是否有接触不良,就可排除温度跳动的故障。

(6)含温湿分采情况下故障排查方法

1)温度传感器排查

断开百叶箱下面的温湿分采中的温度插头,将准备的大头针插入插头中,测量插头的电阻状况。

- 测量 1、2 两端电阻值,应为短路。如阻值过大(大于 2Ω),则说明传感器有故障。
- 测量 3、4 两端电阻值,应为短路。如阻值过大(大于 2Ω),则说明传感器有故障。
- 测量 1、3 或 2、4 两端电阻值,应为 100Ω 左右,如有短路或阻值过大(大于 125Ω)、过小(小于 80Ω)都说明传感器有故障。

2)分采温度通道故障排查

温湿分采的温度通道部分,是指从温度传感器至温湿分采之间的所有硬件器材。它包含了温度传感器与温湿分采之间的插头、分采的温度测量通道等部分(图 7-7)。

图 7-7 传感器接线

如果测量插头 1—4 符合原理性要求标准,而采集器数据测量不正常,则说明通道故障有可能故障原因之一。其排查方法如下:

- 如传感器无故障,将温度传感器重新接入温湿分采。
- 断开温湿分采上的 CAN 总线插头
- 打开温湿分采的采集器盒盖,取下温湿分采 RS232 插头与接线插座的连接线,并将其放置于温湿分采外,以防短路。
- 将采集器测试线与串口通道的插头连接。其中 9 芯插头的 3 脚与串口通道的 1 端连接、2 脚与串口通道 2 端连接,5 脚与串口通道 3 端连接。
- 重新将 CAN 线缆接入温湿分采 CAN 插座,再将 9 芯插头与 USB 串口转换线连接后,接入笔记本电脑,打开串口调试助手软件。

• 发 GETSECDATA！取数据命令,观察温度传感器数据数是否正常,通常温湿度传感器应为正常。如所有接线正常,而分采无温度数据,则表明分采故障。

• 如所有接线正常,而分采有温度数据,但温度数据无规则起伏大、乱跳,则说明有可能分采接地不良

3)温湿分采与主采之间 CAN 通道故障排查

温湿分采与主采之间的 CAN 通道,是指从温湿分采至 HY3000 数据采集器之间的所有硬件器材。它包含了温湿分采的 CAN 总线硬件部分、温湿分采 CAN 总线、防雷板、HY3000 数据采集器 CAN 插头等连接部分。

如果温湿分采数据测试正常,而 HY3000 采集器数据测量不正常,则说明通道故障是可能故障原因之一。其排查方法如下:

• 取下温湿分采 CAN 总线插头,检查其各个线缆是否连接可靠。

• 断开采集器 HY3000 的 CAN 总线插头,利用万用表二极管挡测量主采 HY3000 的 CAN 插头(含 CAN 线缆)12V 至 CANH、CANL、G、端、CANH 至 CANL、G 端、CANL 至 G 端是否有相互短路的现象,如无则进入第 3 项排查。

• 将主采 HY3000 的 CAN 插头 12V 与 G 短路,在温湿分采 CAN 插头 1 端与 4 端是否短路,如短路为正常,如不短路说明线缆故障。

• 同理,将主采 HY3000 的 CAN 插头 CANH 与 CANL 短路,在温湿分采 CAN 插头 2 端与 3 端是否短路,如短路为正常,如不短路说明线缆故障。

• 如以上均为正常,分别测量防雷板 20—23 端是否与地板短路,如短路为故障,不短路为正常。

• 如以上 1—5 点均为正常,则先将所有接线及温度传感器,按温湿分采的采集系统温度测量信号流向图的接线方法恢复所有接线。并将 CAN 通道插头重新插入 HY3000 采集器中。

4)温湿分采与 HY3000 数据采集器故障排查

经过以上排查步骤,已经逐步排查了传感器、温湿分采、温湿通道的故障。经过了重新连接,此时若主采 HY3000 还无数据,只能有两种故障可能存在。一是温湿分采的 CAN 总线电路部分的故障。二是主采 HY3000 的 CAN 总线接收电路部分的故障。对于这两种故障台站无专业设备和专业人员进行故障诊断,只能采取逐步更换的办法进行故障排除。

• 更换温湿分采,观察主采 HY3000 数据是否正常。

• 经上述步骤更换分采后,若 HY3000 数据采集器无温度数据,则表明数据采集器故障。

• 如果以上对主采集器进行过程序更新或更换过采集器后该要素无数据,且确定所有通道机接插头都可靠连接,则需查看主采中温度要素是否被关闭。用串口调试助手对主采集器的通信串口发送 SENST T0 ↙(↙表示回车或 Enter,下同)命令,若返回值为 0,则说明该要素在主采中被关闭;再次发送命令 SENST T0 1 ↙,返回值:<F>表示设置失败,<T>表示设置成功。

• 温度采集值在采集器内部还存在下列判定关系:①气温下限为 −75℃;②气温上限为 80℃;③气温存疑的变化速率为 3℃/h;④气温错误的变化速率 5℃/h。如在调试时如果违背上述判定关系,采集器就会在质量码中做相应的标记数据见表 7-2。

• 有关维修人员找出相应的质量码,可判断相应传感器的质量状态。

表 7-2　传感器工作状态标识

标识代码值	描述
0	"正常":正常工作
2	"故障或未检测到":无法工作
3	"偏高":采样值偏高
4	"偏低":采样值偏低
5	"超上限":采样值超测量范围上限
6	"超下限":采样值超测量范围下限
9	"没有检查":无法判断当前工作状态
N	"传感器关闭或者没有配置"

5）读取传感器工作状态 STATSENSOR

命令符:STATSENSOR T0

示例:读取当前气温传感器工作状态,则键入命令为:

STATSENSOR T0 ✓

返回值:0

若不带参数,则返回当前所有传感器工作状态;

若温度质量控制参数无误,而采集器无数据输出,则需更换主采 HY3000 采集器。

6）系统接地不良故障排查

经过上述步骤的排查如果发现温度跳变,则需排查接地是否正常,采集系统接地,一般是指如下部分的连接:

- 主采集器与采集器机箱底板之间的连接;
- 机箱底板与防雷接地之间的连接;
- 防雷接地线与大地之间的连接;
- 主采集器端接地线与温湿分采电源 G 之间连接;
- 传感器屏蔽线与温湿分采电源 G 之间的连接;
- 防雷接地的接地电阻(应小于 4Ω)。

用万用表仔细检查这些点之间的连接是否有接触不良,就可排除温度跳动的故障。

7.3.2　湿度传感器

主要故障现象:测量湿度无;测量湿度与实际值偏差较大;测量湿度产生跳变。

（1）湿度传感器概述

湿度传感器用于测量空气湿度(图 7-8),测湿元件为高分子薄膜型电容,湿敏电容是具有感湿特性的电介质,其介电常数随相对湿度的变化而变化,从而完成对湿度的测量。

测湿元件主要由湿敏电容和转换电路两部分组成,其结构如图 7-9 所示。它由上电极、湿敏材料即高分子薄膜、下电极、玻璃衬底几部分组成。上电极为一层多孔薄膜,能够透过水汽;下电极为一对电极,引线由下电极引出;基板为玻璃材质。整个传感器由两个小电容器串联组成。

电容的电极可储存一定数量的电荷,电量(电荷的数量)可从电极引出线经外围电路转换

图 7-8　湿度传感器外观

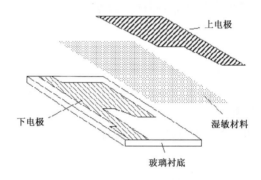

图 7-9　传感器敏感元件结构

后测量出电压。经转换后的电压与湿度成线性正比例关系：当相对湿度为 0％，传感器输出电压为 0mV；当相对湿度为 100％时，传感器输出电压为 1000mV，即 1V。其计算公式为

$$RH = U \times 0.1 \tag{7-2}$$

式中，RH 为相对湿度（％），U 为传感器输出电压（mV）。

湿度传感器的基本原理接线图如图 7-10 所示。湿度传感器主要技术指标见表 7-3。

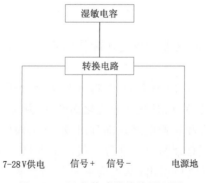

图 7-10　湿度传感器接线原理图

表 7-3　湿度传感器主要技术指标

测量要素	测量范围	测量准确度	电压	元件类型
空气相对湿度	0～100%	<2%(15～25℃,0～90%) <3%(15～25℃,90%～100%)	7～28V(输入) 0～1V(输出)	湿敏电容

当湿度传感器正常供电时,可以使用万用表测量信号＋与信号－线缆之间的电压值,经公式计算后,得出当前的相对湿度值。

当湿度传感器线缆长度小于 40m 时,可将信号－线缆与电源地线缆合并在一起使用。

(2)标准测量

将传感器按规定的电压供电,采用标准万用表测量传感器输出的直流电压。用万用表 2V 直流电压挡测量信号＋线缆与信号－线缆之间的电压,红色表笔接信号＋线缆,黑色表笔接信号－线缆。测量结果应为 0～1V 的某一电压值,将电压读数扩大 100 倍,可得到当前传感器测得的相对湿度。

特别注意:超出传感器供电的电压范围,传感器将工作不正常或被烧毁!

(3)湿度测量信号流向

无温湿分采的采集系统湿度测量信号流向图(图 7-11)标示了湿度传感器由百叶箱内感应空气相对湿度,直至 HY3000 数据采集器测量出相对湿度数值的测量通道的信号流向。通过信号流向图 7-11 可以看出,湿度传感器信号＋、12V 供电、GND(电源地和信号－线缆合一)分别依次通过防雷板 5—7 通道后,接入 HY3000 采集器 2＋采集通道、12V 供电总线、GNG 总线。之后由 HY3000 数据采集器将湿度信号转换为数字信号。

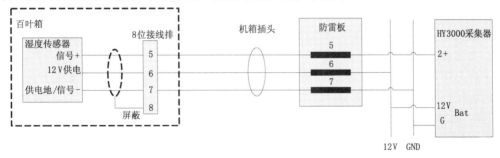

图 7-11　无温湿分采的采集系统湿度测量信号流向图

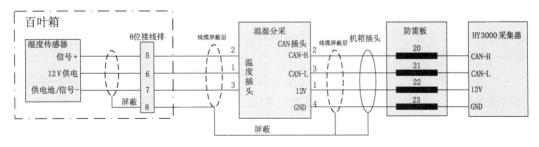

图 7-12　含温湿分采的采集系统湿度测量信号流向图

含温湿分采的采集系统,与无温湿分采的采集系统湿度方式测量不同。通过信号流向图(图 7-12)可以看出,湿度传感器由百叶箱感应湿度接入温湿分采的湿度插头的 1—3 端,由温

湿分采将湿度信号转换为数字信息。这些湿度数字信息,通过 CAN 总线进入防雷板 20—21
通后,接入 HY3000 数据采集器。

(4)故障排查流程

湿度传感器故障的排查应根据湿度测量信号流向图的信号流向进行,首先应检测湿度传
感器正常与否,确认湿度传感器无故障后,就应确认通道是否正常。确认通道无故障后,然后
确认 HY3000 数据采集器是否正常,如果数据采集器正常,就只能证明系统接地不良。通常
情况下湿度传感器故障只有排除了这几种情况,湿度输出就应处于正常。

(5)无温湿分采的采集系统湿度传感器故障排查方法

1)湿度传感器排查

打开百叶箱中的温湿度接线盒测量其中接线排上的湿度接线,方法如下:

• 将万用表拨至直流电压测量 20V 挡,测量 6—7 之间的电压值,此时测量的电压为传感
器供电电压。正常时,供电电压应在 11.6～13.8V 之间。如超出此范围,则说明湿度传感器
供电不正常,需按照湿度通道故障排查步骤,检查主采集器机箱给湿度传感器供电的各部件是
否正常。待供电正常后,进行以下检查步骤

• 将万用表拨至直流电压测量 2V 挡,测量 5—7 之间的电压值,此时测量的电压为传感
器输出电压。正常时传感器输出电压应在 0～1V 之间,如电压值超出此范围,则说明传感器
有故障。

2)湿度通道故障排查

无温湿分采的采集系统湿度通道部分,是指从百叶箱接线排至 HY3000 数据采集器之间
的所有硬件器材。它包含了温湿度接线排、温湿度延长线、防雷板、HY3000 数据采集器插头
等连接部分。

如果测量插头 5—7 符合原理性标准要求,而采集器数据测量不正常,则说明有可能通道
故障。其排查方法如下:

• 将万用表拨至直流电压 20V 挡,测量主采集器机箱内,防雷板上接线排端子 6—7 两位
之间的电压,此时测量的电压为主采集器机箱向湿度传感器的供电电压。正常时,供电电压应
在 11.6～13.8V 之间。如超出此范围,则说明湿度传感器供电不正常。需按照电源系统故障
章节检查新型站供电系统故障。待供电正常时,继续以下步骤:

• 断开主采集器机箱总电源。

• 检查温湿度接线排各个线缆是否连接可靠。

• 断开接线排上湿度传感器的 5—7 端(记录好湿度传感器接线顺序),断开主采集器机箱
内防雷板上的 5—7 端,利用万用表二极管挡测量线缆 5—6、5—7 端、6—7 端是否有相互短路
的现象,如无短路,则进入下一项排查。

• 将温湿度接线排 5—6 短路,在主采集器机箱防雷板下排接线端子处,利用万用表二极
管挡测量 5—6 端,测量是否短路,如短路为正常;如不短路说明线缆故障。

• 同理,将温湿度接线排 5—7 短路,在主采集器机箱防雷板下排接线端子处,利用万用表
二极管挡测量 5—7 端,测量是否短路,如短路为正常;如不短路说明线缆故障。

• 如以上均为正常,分别测量防雷板 5—6 端是否与机箱接地线短路,如短路为故障,不短
路为正常。防雷板 7 端为地,应与机箱接地线短路。

• 如以上几点均为正常,则先将所有接线及湿度传感器,按温湿分采的采集系统湿度测量

信号流向图的接线方法恢复所有接线、开关。

3）HY3000 数据采集器故障排查

经过湿度通道故障排查和湿度通道故障排查，如无问题则可以确认湿度传感器及湿度通道无故障，下面应进入 HY3000 采集器故障排查阶段，其排查方法如下：

• 取下串口 1 通道的插头，接入采集器测试线。其中 9 芯插头 3 脚与串口 1 通道 Rx 端连接、3 脚与串口 1 通道 Tx 端连接，5 脚与串口 1 通道 G 端连接。

• 将 9 芯插头与 USB 串口转换线连接后，接入笔记本电脑，打开串口调试助手软件。

• 发送 DMGD 取分钟数据命令，观察湿度传感器数据数分钟是否正常，通常温湿度传感器应为正常。

• 如所有接线正常，而数据采集器无湿度数据，则表明数据采集器故障。

• 如所有接线正常，而数据采集器有湿度数据，但湿度数据无规则起伏大、乱跳，则说明有可能接地不良。

4）系统接地不良故障排查

采集系统接地，一般是指如下部分的连接：

• 主采集器与采集器机箱底板之间的连接；

• 机箱底板与防雷接地之间的连接；

• 防雷接地线与大地之间的连接；

• 主采集器端传感器连接线的屏蔽线与大地的连接；

• 传感器屏蔽线与传感器延长线的屏蔽线之间的连接；

• 防雷接地的接地电阻（应小于 4Ω）；

• 用万用表仔细检查这些点之间的连接是否有接触不良，就可排除湿度跳动的故障。

（6）含温湿分采的采集系统湿度传感器故障排查方法

1）湿度传感器排查

对于含温湿分采的采集系统，由于湿度传感器有航空插头连接，并且需要对湿度传感器供电，因此测试时需将温湿分采的盒盖打开，在内部的接线端子处进行电压测量。

特别注意：在以下测试过程中，均为带电操作。

图 7-13　传感器接线

打开温湿分采的盒盖,找到外壳上标有湿度的航空插座,沿此插座的连线找到对应的三位接线端子。

如图 7-13 中温湿分采摆放方向,将万用表拨至直流电压测量 20V 挡,红色表笔接触右侧接线位,黑色表笔接触左侧接线位,测量左右两个接线位之间的电压值,此时测量的电压为传感器供电电压。正常时,供电电压应在 11.6～13.8V 之间(如电压为负值,请交换万用表红黑表笔)。如超出此范围,则说明湿度传感器供电不正常,需按照湿度通道故障排查中步骤 1,检查温湿分采给湿度传感器供电的各部件是否正常。待供电正常后,进行以下检查步骤:

将万用表拨至直流电压测量 2V 挡,红色表笔接触中间接线位,黑色表笔接触左侧接线位,测量中间接线位与左侧接线位之间的电压值,此时测量的电压为传感器输出电压。正常时传感器输出电压应在 0～1V 之间,如电压值超出此范围,则说明传感器有故障。

2)温湿分采供电排查

打开温湿分采的盒盖,找到外壳上标有 CAN 的航空插座,沿此插座的连线找到对应的四位接线端子。

如图 7-14 中温湿分采摆放方向,将万用表拨至直流电压测量 20V 挡,红色表笔接触右一接线位,黑色表笔接触左一接线位,测量左右两个接线位之间的电压值,此时测量的电压为传感器供电电压。正常时,供电电压应在 11.6～13.8V 之间(如电压为负值,请交换万用表红黑表笔)。如超出此范围,则说明湿度传感器供电不正常,需按照系统供电故障排查中检查新型站供电系统的各部件是否正常。

图 7-14　传感器接线

3)分采湿度通道故障排查

温湿分采的湿度通道部分,是指从湿度传感器至温湿分采之间的所有硬件器材。它包含了湿度传感器与温湿分采之间的插头、分采的湿度测量通道等部分。

如果测量插头 1—3 符合原理性要求标准,而采集器数据测量不正常,则说明通道故障有可能故障原因之一。其排查方法如下:

- 如传感器无故障,将湿度传感器重新接入温湿分采。
- 断开温湿分采上的 CAN 总线插头
- 打开温湿分采的采集器盒盖,取下温湿分采 RS232 插头与接线插座的连接线,并将其放置于温湿分采外,以防短路。

　　• 将采集器测试线与串口通道的插头连接。其中 9 芯插头的 3 脚与串口通道的 1 端连接、2 脚与串口通道 2 端连接,5 脚与串口通道 3 端连接。

　　• 重新将 CAN 线缆接入温湿分采 CAN 插座,再将 9 芯插头与 USB 串口转换线连接后,接入笔记本电脑,打开串口调试助手软件。

　　• 发 GETSECDATA! 取数据命令,观察湿度传感器数据数是否正常,通常温湿度传感器应为正常。

　　• 如所有接线正常,而分采无湿度数据,则表明分采故障。

　　• 如所有接线正常,而分采有湿度数据,但湿度数据无规则起伏大、乱跳,则说明有可能分采接地不良。

　　4)温湿分采与主采之间 CAN 通道故障排查

　　温湿分采与主采之间的 CAN 通道,是指从温湿分采至 HY3000 数据采集器之间的所有硬件器材。它包含了温湿分采的 CAN 总线硬件部分、温湿分采 CAN 总线、防雷板、HY3000 数据采集器 CAN 插头等连接部分。

　　如果温湿分采数据测试正常,而 HY3000 采集器数据测量不正常,则说明通道故障是可能故障原因之一。其排查方法如下:

　　• 取下温湿分采 CAN 总线插头,检查其各个线缆是否连接可靠。

　　• 断开住采集器 HY3000 的 CAN 总线插头,利用万用表二极管挡测量主采 HY3000 的 CAN 插头(含 CAN 线缆)12V 至 CANH、CANL、G 端,CANH 至 CANL、G 端、CANL 至 G 端是否有相互短路的现象,如无则进入第 3 项排查。

　　• 将主采 HY3000 的 CAN 插头 12V 与 G 短路,在温湿分采 CAN 插头 1 端与 4 端是否短路,如短路为正常,如不短路说明线缆故障。

　　• 同理,将主采 HY3000 的 CAN 插头 CANH 与 CANL 短路,在温湿分采 CAN 插头 2 端与 3 端是否短路,如短路为正常,如不短路说明线缆故障。

　　• 如以上均为正常,分别测量防雷板 20—23 端是否与地板短路,如短路为故障,不短路为正常。

　　如以上 5 点均为正常,则先将所有接线及湿度传感器,按温湿分采的采集系统湿度测量信号流向图的接线方法恢复所有接线。并将 CAN 通道插头重新插入 HY3000 采集器中。

　　5)温湿分采与 HY3000 数据采集器故障排查

　　经过以上排查步骤,已经逐步排查测量了传感器、温湿分采、温湿通道的故障。经过了重新连接,此时若主采 HY3000 仍无数据,只能有两种故障可能存在。一是温湿分采的 CAN 总线电路部分的故障。二是主采 HY3000 的 CAN 总线接收电路部分的故障。对于这两种故障台站无专业设备和专业人员进行故障诊断,只能采取逐步更换的办法进行故障排除。更换温湿分采,观察主采 HY3000 数据是否正常。

　　经上述步骤更换分采后,若 HY3000 数据采集器仍然无湿度数据,则表明 HY3000 数据采集器故障。

　　如果以上对主采集器进行过程序更新或更换过采集器后,该要素无数据,且确定所有通道机接插头都可靠连接,则需查看主采中湿度要素是否被关闭。

　　用串口调试助手对主采集器的通信串口发送 SENST U ↙命令,若返回值为 0,则说明该要素在主采中被关闭;再次发送命令 SENST U 1 ✓,返回值:<F>表示设置失败,<T>表示设置成功。

湿度采集值在采集器内部还存在下列判定关系:

- 相对湿度下限为 0%;
- 相对湿度上限为 100%;
- 相对湿度存疑的变化速率为 10%/h;
- 相对湿度错误的变化速率 15%/h;

如在调试时如果违背上述判定关系,采集器就会在质量码中做相应的标记数据见表 7-4。有关维修人员找出相应的质量码,可判断相应传感器的质量状态。

表 7-4 传感器工作状态标识

标识代码值	描述
0	"正常":正常工作
2	"故障或未检测到":无法工作
3	"偏高":采样值偏高
4	"偏低":采样值偏低
5	"超上限":采样值超测量范围上限
6	"超下限":采样值超测量范围下限
9	"没有检查":无法判断当前工作状态
N	"传感器关闭或者没有配置"

6)读取传感器工作状态 STATSENSOR

命令符:STATSENSOR U

示例:读取当前湿度传感器工作状态,则键入命令为:

STATSENSOR U ✓

返回值:0

若不带参数,则返回当前所有传感器工作状态;

若温度质量控制参数无误,而采集器无数据输出,则需更换主采 HY3000 采集器。

7)系统接地不良故障排查

经过上述步骤的排查如果发现温度跳变,则需排查接地是否正常,采集系统接地,一般是指如下部分的连接:

- 主采集器与采集器机箱底板之间的连接;
- 机箱底板与防雷接地之间的连接;
- 防雷接地线与大地之间的连接;
- 主采集器端接地线与温湿分采电源 G 之间连接;
- 传感器屏蔽线与温湿分采电源 G 之间的连接;
- 防雷接地的接地电阻(应小于 4Ω)。

用万用表仔细检查这些点之间的连接是否有接触不良,就可排除湿度跳动的故障。

7.2.3　雨量传感器

雨量传感器见图 7-15 和图 7-16,主要技术指标见表 7-5。主要故障现象为:测量雨量无,测量雨量比实际值偏小,测量雨量产生跳变。

图 7-15　雨量传感器外桶

图 7-16　雨量传感器

表 7-5　雨量传感器主要技术指标

测量要素	测量范围	测量准确度、分辨力	输出
雨量	0~4mm/min	±4% 0.1mm	脉冲(1 脉冲=0.1mm 降水)

（1）工作原理

雨水由承水口汇集,进入上翻斗。上翻斗的作用是减小降水强度的影响,使降水强度近似大降水强度,然后进入计量翻斗计量,计量翻斗翻动一次为 0.1mm 降水量。随之雨水由计量翻斗倒入计数翻斗。在计数翻斗的中部装有一块小磁钢,磁钢的上面装有干簧管开关,计数翻斗翻转一次,则开关闭合一次,由开关的闭合送出一个信号。输出信号由红黑接线柱引出。

（2）标准测量

使用示波器或频率计检测传感器的脉冲信号输出。

（3）雨量测量信号流向图

图 7-17 标示了雨量传感器测量出雨量脉冲信号直至输入采集器的信号流向。通过图 7-17 可以看出,雨量传感器的红、黑两个接线柱分别通过红蓝两芯线接到防雷板的 8、9 两端,由防雷板再连接到 HY3000 采集器的 I1、G 采集通道。

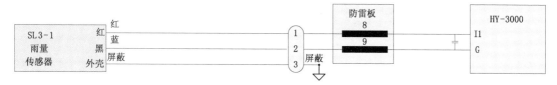

图 7-17　雨量测量信号流向图

（4）故障排查流程

雨量传感器故障的排查应根据测量信号流向图的信号流向进行,首先应检测传感器正常与否,确认传感器无故障后,就应确认采集通道是否正常。确认通道无故障后,然后确认HY3000数据采集器是否正常,如果数据采集器正常,就只能证明系统接地不良。通常情况下传感器故障只有排除了这四种情况,雨量信号输出就应处于正常。

（5）雨量传感器排查

• 若雨量偏小,检查雨量传感器承水口、内部漏斗及各个翻斗是否有异物堆积。

• 若无雨量值,将雨量传感器承水桶拆下,使用万用表拨至通断测量通道,红、黑表笔分别接触雨量传感器红、黑接线柱的金属部分,翻动计数翻斗,每翻到中间位置万用表有导通响声为正常,若无,说明传感器故障,更换传感器内的干簧管。

1）通道故障排查

雨量测量通道是指从传感器接线柱至HY3000数据采集器之间的所有硬件器材,包括信号线缆、防雷板、HY3000数据采集器插头等连接部分。

如果测量传感器为正常,而采集器数据测量不正常,则说明通道故障有可能是故障原因之一。其排查方法如下:

• 检查温湿度接线排各个线缆是否连接可靠。

• 将信号线的两端分别从接线柱上拧下,从采集器I1、G上拔下端子,一端将两芯线两芯短接,另一端用万用表测量两芯线的两芯是否导通,若不导通,说明线缆故障。

• 如以上均为正常,分别测量防雷板8、9端是否与地板短路,如短路为故障,不短路为正常。

• 如以上1—3点均为正常,则先将所有接线及雨量传感器,按图7-18雨量采集通道信号流向图的接线方法恢复所有接线。并将通道插头插入HY3000采集器中。

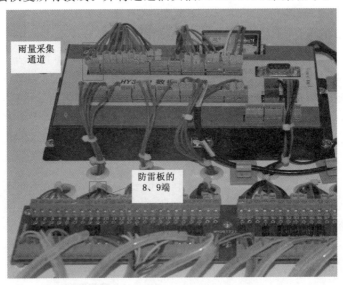

图7-18　主采集器的雨量采集通道

2）HY3000数据采集器故障排查

经过传感器的排查,传感器无故障,而采集器数据测量不正常,则说明采集器通道故障有可能为故障原因之一。其排查方法如下：

• 拔掉 HY3000 采集器电源，使用万用表拨至通断测量通道，测量采集器的 D1 与 G 之间是否短路，不短路为正常，短路则说明采集器通道故障。

• 恢复 HY3000 采集器电源，PC 连接到采集器的 Debug 口，打开串口调试助手 9600、N、8、1。

• 将雨量传感器信号线从接线柱上拆下，将信号线两芯末端垫片短接数次。

• PC 发送 DMGD 获取采集器分钟数据，此分钟的雨量数据应为信号线短接的次数，若无雨量数据，则说明采集器通道故障。

7.2.4　风向传感器

风向传感器实物如图 7-19 所示，主要技术指标见表 7-6。主要故障现象为：测量风向无，测量风向值与实际值偏差较大。

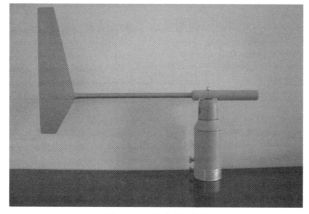

图 7-19　风向传感器

表 7-6　风向传感器主要技术指标

测量范围	0°～360°	电源电压	5VDC
起动风速	0.3m/s(风向标偏转 30°时)	重量	1.8kg
分辨力	3°	外形尺寸	319mm×225mm
最大允许误差	±5°	抗风强度	75m/s
输出脉冲	0～5V	使用环境	−40～60℃，0～100%RH

（1）工作原理

风向测量是利用一个低惯性的风向标部件作为感应部件，风向标部件随风旋转，带动转轴下端的 7 位格雷码风向码盘进行光电扫描输出脉冲信号，采集器对 7 位格雷码信号进行采集，之后按照风向角度与 7 位格雷码对照表转换为角度输出给采集软件。

（2）标准测量

在传感器通电状态下，用万用表测量各位格雷码（D0—D6）与 GND 间电压值，完成 7 位编码后与码表对照，查看角度值与真实值是否符合。图 7-20 是 D0—D6 的定义顺序。

图 7-21 中，+5V 与 GND 给风向传感器供电，D0—D6 共 7 位，输出高低电平供采集器获取格雷码信号。

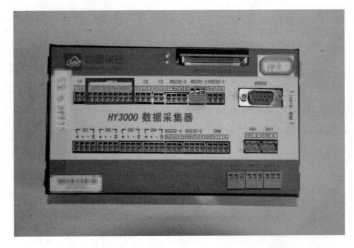

图 7-20 采集器 D0—D6 定义顺序

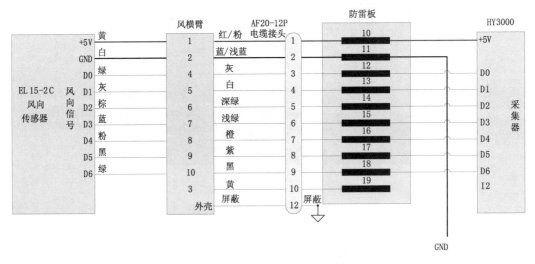

图 7-21 风向测量信号流向图

图 7-22 是信号流向图中各个关键部位,依次是风横臂整体,风横臂接线盒,风向传感器风横臂上的电缆接头,风向传感器处的电缆接头。

(4)故障排查方法

风向传感器故障的排查应根据风向测量信号流向图进行,依据该图检查各电源节点是否有正常电压,确定不是供电故障后,给传感器加上 5V 直流电压(该电压既可从采集器获得,也可用独立 5V 直流电源),分别检测采集器测量端 D0—D6 与 GND 间电压,得出的高低电平,按照附表 7-7 比对查看所指角度与真实值是否符合。具体方法如下:

• 将风向表固定任一位置不动,万用表拨至直流 20V 挡,黑表笔连接 GND 端,红表笔依次连接采集器测量端 D0—D6,记录测得的 7 个电压值,之后将其转为高低电平。

• 若检测所有电压值均为 0,则初步判定为传感器或通信线路故障,更换可靠传感器后若恢复正常,则为传感器损坏;更换后所有数据依然为 0,则为通信线路故障,按信号流向图依次检查防雷板和风横臂接线盒处,若防雷板接入端能检测到正常电压,则说明防雷板损坏,更换

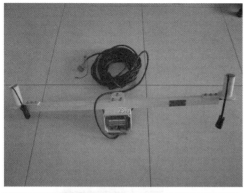

图 7-22　设备线缆接口

表 7-7　风向角度与 7 位格雷码对照表

角度	格雷码	角度	格雷码	角度	格雷码	角度	格雷码
0(°N)	0	90(°E)	110000	180(°S)	1100000	270(°W)	1010000
3	1	93	110001	183	1100001	273	1010001
6	11	96	110011	186	1100011	276	1010011
8	10	98	110010	188	1100010	278	1010010
11	110	101	110110	191	1100110	281	1010110
14	111	104	110111	194	1100111	284	1010111
17	101	107	110101	197	1100101	287	1010101
20	100	110	110100	200	1100100	290	1010100
22	1100	112	111100	202	1101100	292	1011100
25	1101	115	111101	205	1101101	295	1011101
28	1111	118	111111	208	1101111	298	1011111
31	1110	121	111110	211	1101110	301	1011110
34	1010	124	111010	214	1101010	304	1011010
37	1011	127	111011	217	1101011	307	1011011
39	1001	129	111001	219	1101001	309	1011001
42	1000	132	111000	222	1101000	312	1011000

角度	格雷码	角度	格雷码	角度	格雷码	角度	格雷码
45	11000	135	101000	225	1111000	315	1001000
48	11001	138	101001	228	1111001	318	1001001
51	11011	141	101011	231	1111011	321	1001011
53	11010	143	101010	233	1111010	323	1001010
56	11110	146	101110	236	1111110	326	1001110
59	11111	149	101111	239	1111111	329	1001111
62	11101	152	101101	242	1111101	332	1001101
65	11100	155	101100	245	1111100	335	1001100
68	10100	158	100100	248	1110100	338	1000100
70	10101	160	100101	250	1110101	340	1000101
73	10111	163	100111	253	1110111	343	1000111
76	10110	166	100110	256	1110110	346	1000110
79	10010	169	100010	259	1110010	349	1000010
82	10011	172	100011	262	1110011	352	1000011
84	10001	174	100001	264	1110001	354	1000001
87	10000	177	100000	267	1110000	357	1000000

防雷板;若风横臂接入端能检测到正常电压,则说明风线故障,更换风线。

• 如果对主采集器进行过程序更新或更换过采集器后该要素无数据,且确定所有接头都可靠连接,则需查看主采中该要素是否被关闭。用串口调试助手对主采集器的通信串口发送 SENST WD✓命令,若返回值为 0,则说明该要素在主采中被关闭;再次发送 SENST WD 1✓,返回值:<F>表示设置失败,<T>表示设置成功。

• 风速风向采集值在采集器内部还存在下列判定关系:风速 WS=00,则风向 WD 一般不会变化;风速 WS≠00,则风向 WD 一般会有变化;分钟极大风速大于等于 2min 和 10min 平均风速;故在调试时如果违背上述判定关系,也会无数据。

7.2.5 风速传感器

风速传感器如图 7-23 和图 7-24 所示,主要技术指标见表 7-8。主要故障现象为:测量风速无,测量风速值与实际值偏差较大。

(1)工作原理

风速传感器是用于测量风速并将风速信号转换为电脉冲信号的仪器。风速测量是利用一个低惯性的风杯作为感应部件,该部件随风旋转并带动风速码盘进行光电扫描,输出相应的电脉冲信号,采集通道对电脉冲信号进行计数,并转换为风速。即风速越大,风杯转速越高,周期时间内输出的脉冲信号个数越多。

(2)标准测量

采用标准万用表 20V 直流电压挡,如图 7-25 所示,当给风速传感器的 1、2 端加 5V 直流电压后,2、3 端会有 0.7～3.8V 的电压显示(0.7V 和 3.8V 是传感器默认的高低电平);当非常缓慢地转动风杯时,电压表会显示为 0.7V 或 3.8V 左右。

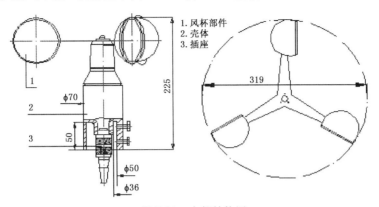

图 7-23　内部结构图

图 7-24　设备外观图

表 7-8　风速传感器主要技术指标

测量范围	0.3～60m/s	电源电压	5VDC
起动风速	0.3m/s	重量	1kg
分辨力	0.05m/s	外形尺寸	319mm×225mm
最大允许误差	风速≤10m/s 时±0.3m/s 风速>10m/s 时±(0.03V)m/s	抗风强度	75m/s
输出脉冲	0.7～3.8V	使用环境	−40～60℃,0～100%RH

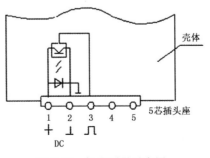

图 7-25　标准测量示意图

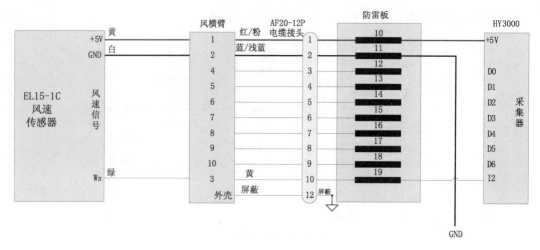

图 7-26　风速测量信号流向图

图 7-26 中,+5V 与 GND 给风速传感器供电,I2 用于测量计数。

图 7-27 是信号流向图中各个关键部位,依次是风横臂整体,风横臂接线盒,风速传感器风横臂上的电缆接头,风速传感器处的电缆接头。

图 7-27　设备接线图

(3)风速传感器故障排查方法

风速传感器故障的排查应根据风速测量信号流向图的信号流向进行,在采集器正常工作的状态下检测采集器测量端 I2 与 GND 间电压,具体做法如下:

·将万用表拨至直流 20V 挡,拔下 HY3000 采集器 I2 通道插头,测量插头与 GND 两端电压值。

·若风速传感器正在转动,测得电压为 0.7～3.8V,则说明传感器工作正常;若传感器完全禁止,测得电压为 0.7V 左右或 3.8V 左右,亦说明传感器工作正常。

• 若测量电压值为 0,则说明传感器损坏或连接传感器的通信线路故障,更换可靠的传感器备件后看信号是否恢复正常。若恢复,则说明是传感器故障;如电压值依然为 0,则说明通信线路故障,按信号流向图依次检查防雷板和风横臂接线盒处供电、风速信号与 GND 之间电压。若防雷板接入端能检测到正常电压,则说明防雷板损坏,更换防雷板;若风横臂接入端能检测到正常电压,则说明风线故障,更换风线。

• 如果对主采集器进行过程序更新或更换过采集器后该要素无数据,且确定所有接头都可靠连接,则需查看主采中该要素是否被关闭。用串口调试助手对主采集器的通信串口发送 SENST WS↙命令,若返回值为 0,则说明该要素在主采中被关闭;再次发送 SENST WS 1 ↙,返回值:<F>表示设置失败,<T>表示设置成功。

• 风速风向采集值在采集器内部还存在下列判定关系:风速 WS＝00,则风向 WD 一般不会变化;风速 WS≠00,则风向 WD 一般会有变化;分钟极大风速大于等于 2min 和 10min 平均风速;故在调试时如果违背上述判定关系,也会无数据。

7.2.6　气压传感器

气压传感器主要技术指标见表 7-9。主要故障现象为:测量气压无,测量气压与实际值偏差较大,测量气压产生跳变。

表 7-9　气压传感器主要技术指标

测量范围	50～1100hPa(串口模式) 500～1100hPa(模拟模式)	存储温度	−60～＋60℃
工作温度	−40～＋60℃	分辨率	0.01hPa(1 个测量值/s) 0.05hPa(20 个测量值/s)
工作湿度	无凝结	测量精度	±0.15hPa(串口模式) ±0.20hPa(模拟模式)

(1)工作原理

PTB210 的工作原理是基于一个先进的 RC 振荡电路和三个参考电容,并且电容压力传感器及电容温度传感器连续测量。微处理器自动进行压力线性补偿及温度补偿。

(2)标准测量

将 PTB210 气压传感器的粉线与蓝线连接到电源的 12V 与 GND,绿线与灰线分别连接到 DB9 孔插头的 2、3 脚,DB9 孔插头插入到 PC 上通信串口上,打开 PC 上的串口调试助手,参数设置为 9600、N、8、1,发送命令:

.P↙(或 P↙)

得到当前气压值。

图 7-28 标示了气压传感器测量出气压信号通过 RS232 方式输出直接进入采集器通道的信号流向。通过流向图可以看出,气压传感器的绿色与灰色两条线直接接入 HY3000 采集器 RS232-5 采集通道。

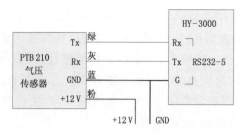

图 7-28　PTB210 气压测量信号流向图

（3）故障诊断流程

气压传感器故障的排查应根据测量信号流向图的信号流向进行,首先应检测传感器正常与否,确认传感器无故障后,就应确认采集器通道是否正常。确认通道无故障后,然后确认 HY3000 数据采集器是否正常,如果数据采集器正常,就只能证明系统接地不良。通常情况下温度传感器故障只有排除了这四种情况,输出就应处于正常。

（4）传感器故障排查方法

将气压传感器通信端从 HY3000 采集器上拆下,接入 PC 串口:绿——Rx(PC 串口 2),灰——Tx(PC 串口 3)。

• 打开 PC 上的串口调试助手,参数设置为 9600、N、8、1,发送:. P↙(或 P↙),应有当前气压值返回(如:1012.99)。

• 若无返回或返回非正常气压值,则修改串口调试助手面板上的串口波特率,重新打开串口发送命令。

• 若找到传感器本身波特率为 19200bps,则需在此波特率下逐一发送命令:

. BAUD. 9600 ↙(或 BAUD. 9600 ↙)

和

. RESET ↙(或 RESET ↙)

• 将波特率设置为与采集器串口通道一致。

• 若试遍所有参数组合仍无正常气压值返回,则说明传感器故障。

（5）采集器故障排查方法

经过传感器的排查,传感器无故障,而采集器数据测量不正常,则说明采集器故障有可能为故障原因之一。其排查方法如下:

• 采集器的气压测量通道 RS232-5 连接到 PC(图 7-29),打开串口调试助手(以下步骤称"串口 1")9600、N、8、1;

• 采集器的本地通信通道 RS232-Debug 连接到 PC,另开一个串口调试助手(以下步骤称"串口 2")9600、N、8、1;

• 串口 2 发送 QCPS P ↙,取气压质量控制值(测量范围及允许的最大变化值),返回值应为＜50 1100 0.3＞,若返回值不为此,则发送 QCPS P 50.0 1100.0 0.3 ↙,进行设置;

• 观察串口 1 应该每分钟都接收到字符 . P(或 P),若无,则说明采集器的气压测量通道故障;

• 串口 1 收到字符后,手动发送气压值(如:1012.99),串口 2 发送命令 DMGD 获取分钟数据,查看此分钟数据中应有手动发送的气压值,若无,则说明采集器的气压测量通道故障。

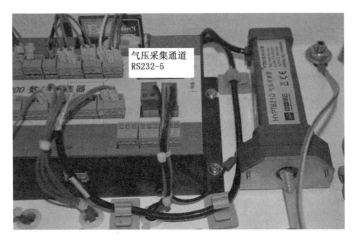

图 7-29　主采集器的气压采集通道

7.2.7　地温传感器

主要故障现象为：单层地温无数据，所有地温无数据，测量地温与实际值偏差较大，测量地温产生跳变。

（1）工作原理

地温传感器是用于测量土壤温度的温度传感器，工作原理同温度传感器，见温度要素故障诊断中的工作原理部分。技术指标同温度传感器。

（2）标准测量

同温度传感器，见温度要素故障诊断中的标准测量部分。

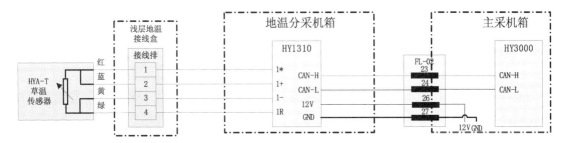

图 7-30　地温采集系统温度测量信号流向图（以草温为例）

地温采集系统，温度测量信号流向图（以草温为例）（图 7-30）标示了草温传感器温度信号由传感器进入浅层地温盒，接入浅层地温接线盒的接线排 1—4 位上（地表温度为 5—8 位，5cm 地温、10cm 地温、……依次类推，深层地温接入深层地温接线盒，接线排排序从 1 开始），再由地温盒接出延长线进入分采机箱，接入 HY1310 地温分采的 1＊、1＋、1－、1R 上（地表温度为 2＊、2＋、2－、2R，5cm 地温、10cm 地温、……依次类推），由 HY1310 通过 CAN 总线方式将采集到的所有地温信号传入主采机箱，通过 FL－02 的 23、24 位进入 HY3000 数据采集器。

（3）故障排查流程

地温传感器故障的排查应根据地温采集系统温度测量信号流向进行，首先应检测温度传感器正常与否，确认温度传感器无故障后，就应确认通道是否正常。确认通道无故障后，然后确认地温分采集器 HY1310 与主采集器 HY3000 是否正常,如果数据采集器正常,就只能证明系统接地不良。通常情况下温度传感器故障只要排除了这四种情况,温度输出就应处于正常。

(4)地温传感器排查

打开对应的地温接线盒(草温、地表、5cm、10cm、15cm、20cm 为浅层地温盒,40cm、80cm、160cm、320cm 为深层地温盒)测量其中的接线排下方的地温传感器接线(图 7-31)。

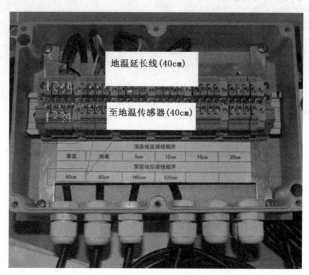

图 7-31   深层地温接线盒内部

• 万用表拨至电阻测量端,测量 1、2 两端电阻值,应为短路。如阻值过大(大于 2Ω),则说明传感器有故障。

• 测量 3、4 两端电阻值,应为短路。如阻值过大(大于 2Ω),则说明传感器有故障。

• 测量 1、3 或 2、4 两端电阻值,应为 100Ω 左右,如有短路或阻值过大(大于 125Ω)、过小(小于 80Ω)都说明传感器有故障。

(5)地温分采通道故障排查

地温分采的通道部分,是指从地温传感器至地温分采之间的所有硬件器材。它包含了地温传感器与地温分采之间的地温接线盒、插头、分采的测量通道等部分(图 7-32)。

图 7-32   地温分采

　　如果测量传感器正常,而采集器数据测量不正常,则说明通道故障有可能故障原因之一。其排查方法如下:

　　• 如传感器无故障,将传感器按图重新接入地温接线盒;

　　• 使用万用表拨至 20VDC 电压挡测量地温分采 HY1310 BAT 供电,电压在 11.6~13.8V 为正常,若地温分采电压异常,则直接进入电源故障排查流程;

　　• 断开地温接线盒接线排上端的对应的四芯延长线,分别将 1(黄)、2(绿)短接,3(红)、4(蓝)短接;

　　• 断开地温分采上的测量通道插头,使用万用表拨至二极管挡,分别测量插头的 1(黄)、2(绿)之间和 3(红)、4(蓝)之间,正常应导通,如果不导通,说明地温延长线故障;

　　• 打开地温分采机箱,使用采集器测试线连接分采 RS232 插头,再将 9 芯插头与 USB 串口转换线连接后,接入笔记本电脑,打开串口调试助手软件;

　　• 发送 GETMINDATA! 获取分钟数据命令,观察温度传感器数据数应为正常;

　　• 若所有接线正常,而分采无地温数据,则表明分采故障;

　　• 如所有接线正常,而分采有温度数据,但温度数据无规则起伏大、乱跳,则说明有可能分采接地不良。

　　(6)分采与主采之间 CAN 通道故障排查

　　地温分采与主采之间的 CAN 通道,是指从地温分采至 HY3000 数据采集器之间的所有硬件器材。它包含了地温分采的 CAN 总线插头、地温分采 CAN 总线线缆、防雷板、HY3000 数据采集器 CAN 插头等连接部分。

　　如果地温分采数据测试正常,而采集器数据测量不正常,则说明 CAN 通道故障是可能故障原因之一。其排查方法如下:

　　• 取下地温分采 CAN 总线插头与电源插头,检查其各个线缆是否连接可靠。

　　• 将主采机箱底部 CAN 电源出插头的 1、2 短路,测量在地温分采 CAN 电源入插头的 1、2 是否短路,如短路为正常,如不短路说明线缆故障。

　　• 同理,将主采机箱底部 CAN 插头的 1、2 短路,在地温分采 CAN 插头 1、2 是否短路,如短路为正常,如不短路说明线缆故障。

　　• 如以上均为正常,分别测量防雷板 23—27 端是否与地板短路,如短路为故障,不短路为正常。

　　• 如以上 1—5 点均为正常,则先将所有接线及地温传感器,按地温采集系统温度测量信号流向图的接线方法恢复所有接线。并将 CAN 通道插头重新插入 HY3000 采集器中。

　　(7)地温分采 HY1310 与主采集器 HY3000 故障排查

　　经过以上排查步骤,已经逐步排查测量了传感器、地温分采采集通道、CAN 通道、地温通道的故障。经过了重新连接,此时若主采 HY3000 还无数据,只能有两种故障可能存在。一是地温分采的 CAN 总线电路部分的故障;二是主采 HY3000 的 CAN 总线接收电路部分的故障。对于这两种故障台站无专业设备和专业人员进行故障诊断,只能采取逐步更换的办法进行故障排除。

　　• 发送 QCPS XXX↙(XXX 为传感器标示符,草温、地表、5cm 地温、……分别对应 TG、ST0、ST1、……、ST8);取地温质量控制值(测量范围及允许的最大变化值),返回值应为 <−50 80 2>,若返回值不为此值,则发送 QCPS XXX −50.0 80.0 2.0↙进行设置。设置后观察主采 HY3000 数据是否正常。

• 更换地温分采,观察主采 HY3000 数据是否正常。

• 经上述步骤更换分采后,若 HY3000 数据采集器无温度数据,则表明数据采集器故障,则需更换主采 HY3000 采集器。

（8）系统接地不良故障排查

经过上述步骤的排查如果发现温度跳变,则需排查接地是否正常,采集系统接地,一般是指如下部分的连接:

• 主采集器与采集器机箱底板之间的连接;

• 机箱底板与防雷接地之间的连接;

• 防雷接地线与大地之间的连接;

• 主采集器端接地线与地温分采电源 G 之间连接;

• 传感器屏蔽线与地温分采电源 G 之间的连接;

• 防雷接地的接地电阻（应小于 4Ω）。

用万用表仔细检查这些点之间的连接是否有接触不良,就可排除地温跳动的故障。

7.2.8　蒸发传感器

蒸发传感器主要技术指标见表 7-10。主要故障现象为:测量蒸发无数据,测量蒸发值与实际值偏差较大,测量蒸发产生跳变,测量蒸发滞后。

表 7-10　蒸发传感器主要技术指标

测量范围	0～100mm（传感器 0～98.1mm）
灵敏度	小于 0.15%
线性	±0.5%
最大允许误差	±1.5%（满量程）
输出	AG2.0 型:0～5V（最小负载电阻 1kΩ） AG2.0A 型:0～10V（最小负载电阻 1kΩ） AG2.0B 型:4～20mA（最大负载电阻 500Ω）
最高水位刻度	输出量:4mA,0V
最低水位刻度	输出量:20mA,5V,10V
电源	10～15VDC
电源功耗	10V 不大于 200mA,15V 不大于 100mA
工作温度	0～+50℃
电缆长度	5m

（1）工作原理

AG 型超声波蒸发器是根据超声波测距原理,选用高精度超声波传感器,精确测量超声波传感器至水面距离并转换成电信号输出,可即时测出蒸发量。

超声波蒸发器和 E-601B 型蒸发桶,水圈等配套使用。AG2.0 型超声波蒸发器是在 AG1.0 型超声波蒸发器基础上通过改善测量环境从而提高了测量精度。

（2）标准测量

AG2.0 采用标准万用表测量输出电流,用万用表 200mA 电流挡测量输出信号线与地两端,一般应为 20~4mA,对应水位为 0~98.1mm。

(3)蒸发测量信号流向

蒸发测量信号流向图(图 7-33)标示了蒸发传感器由百叶箱感应蒸发水位直至 HY3000 数据采集器,测量出蒸发数值的测量通道的信号流向。通过图 7-33 可以看出,蒸发传感器的信号线在百叶箱内通过一个三芯对插插头连接到一根延长线,延长线从百叶箱内出来通过主采底板上的航空插头进入主采机箱,通过防雷板 20 通道接入 HY3000 采集器 4R 采集通道,由 HY3000 数据采集器将蒸发信号转换为数字信息。

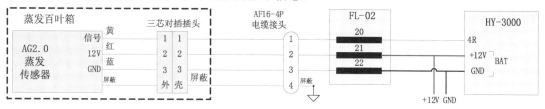

图 7-33　蒸发测量信号流向图

(4)蒸发传感器故障排查流程

蒸发传感器故障的排查应根据蒸发测量信号流向图的信号流向进行,首先应确认通道是否正常,确认通道无故障后,检测蒸发传感器正常与否,确认传感器无故障后,然后确认 HY3000 数据采集器是否正常,如果数据采集器正常,就只能证明系统接地不良。通常情况下传感器故障只要排除了这四种情况,蒸发输出就应处于正常。

(5)蒸发通道故障排查

蒸发通道部分,是指从百叶箱三芯对插插头至 HY3000 数据采集器之间的所有硬件器材。它包含了三芯对插插头、蒸发延长线、防雷板、HY3000 数据采集器插头等连接部分(图 7-34)。其排查方法如下:

图 7-34　蒸发传感器三芯航插　　　　图 7-35　蒸发传感器三芯航插内部

• 断开百叶箱中的三芯对插插头,使用万用表拨至 20V 电压测量端测量连接主采一端插头的 2、3 之间电压,正常应在 12V 左右。

• 打开主采机箱,使用万用表测量防雷板 21、22 之间电压,正常应与步骤 1 所得正常数值一致,若步骤 1 测得电压为 0,步骤 2 为正常,则说明蒸发线缆故障,若步骤 1 与步骤 2 均为正常,进入步骤 3。

• 断开防雷板 20、21、22 位的上端,将百叶箱中的三芯对插插头连接主采一端(孔)的 1 与 3 用曲别针短路,使用万用表的二极管挡测量防雷板上的 20、22 两端,正常应为短路,否则说明蒸发线缆故障。

　　• 如以上均为正常,分别测量防雷板 20、21、22 端是否与地板短路,如短路为故障,不短路为正常。

　　• 如以上 1—4 点均为正常,则先将所有接线及蒸发传感器,按蒸发测量信号流向图的接线方法恢复所有接线。

　　(6)蒸发传感器排查

　　检查过蒸发通道正常后进入蒸发传感器故障检查,排查方法如下:

　　• 打开蒸发百叶箱,检查蒸发桶内水位是否过高或过低,检查蒸发桶内水是否结冰,若无,进入步骤 2。

　　• 打开主机箱,断开 HY3000 的蒸发测量端 4R。

　　• 使用万用表拨至 200mA 电流测量挡,测量防雷板上的 20—22 之间的电流,正常应为 20~4mA,若不为正常值,则说明蒸发传感器故障。

　　(7)HY3000 数据采集器故障排查

　　经过蒸发传感器故障排查和蒸发通道故障排查,如无问题则可以确认蒸发传感器及蒸发通道无故障,下面应进入 HY3000 采集器故障排查阶段,其排查方法如下:

　　• 取下串口 1 通道的插头,接入采集器测试线。其中 9 芯插头 3 脚与串口 1 通道 Rx 端连接、3 脚与串口 1 通道 Tx 端连接,5 脚与串口 1 通道 G 端连接。

　　• 将 9 芯插头与 USB 串口转换线连接后,接入笔记本电脑,打开串口调试助手软件。

　　• 发送 QCPS LE ↙,获取蒸发量质量控制值(测量范围及允许的最大变化值),返回值应为<0 98.1 0.3>,若返回值不为此值,则发送 QCPS LE 0 98.1 0.3 ↙,进行设置。

　　• 发送 DMGD 取分钟数据命令,观察蒸发传感器数据数分钟是否正常,通常蒸发传感器应为正常。

　　如所有接线正常,而数据采集器无蒸发数据,则表明数据采集器故障。

　　如所有接线正常,而数据采集器有蒸发数据,但蒸发数据无规则起伏大、乱跳,则说明有可能接地不良。

　　(8)系统接地不良故障排查

　　采集系统接地,一般是指如下部分的连接:

　　• 主采集器与采集器机箱底板之间的连接;

　　• 机箱底板与防雷接地之间的连接;

　　• 防雷接地线与大地之间的连接;

　　• 主采集器端传感器连接线的屏蔽线与大地的连接;

　　• 传感器屏蔽线与传感器延长线的屏蔽线之间的连接;

　　• 防雷接地的接地电阻(应小于 4Ω)。

用万用表仔细检查这些点之间的连接是否有接触不良,就可排除蒸发跳动的故障。

7.4　前向散射能见度仪故障诊断

　　主要故障现象为:测量能见度无,测量能见度与实际值偏差较大。

7.4.1 能见度观测原理

(1)空气中悬浮粒子散射

散射通量与消光系数成正比(吸收通常可忽略不计)。

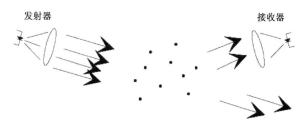

图 7-36 观测示意图

前向散射仪发射出一束光照射到空气中的粒子上并发生光线散射,测量散射光的强度,以此换算消光系数(图 7-36)。

能见度低——强的散射强度——高消光系数

能见度高——弱的散射强度——低消光系数。

请注意:只有部分的散射光是被测量到的!(图 7-37)

传感器可以迅速采集散射信号,并从信号中可探测到降水粒子,根据信号强弱判断粒子的大小。

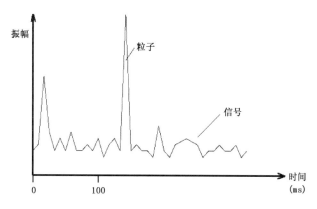

图 7-37 接收到的散射信号

(2)MOR 测量

世界气象组织(WMO)定义气象光学视程(MOR)为代表大气光学状态的基本变量。

MOR 符合人工能见度观测(白天观察),被定义为一个单纯的物理量(图 7-38)。

气象光学视程(MOR)被定义为一束光的强度衰减到原始强度 5% 的距离(衰减是由散射和吸收造成的)。HY-V 系列能见度仪是对 MOR 进行测量的。

(3)人眼观测距离(normal visibility)V_N

人眼观测距离(V_N)与气象光学视程(MOR)类似(图 7-39),但人眼能够观测到的距离范围是为 8%~0.6%,一般取 2%。因此,V_N 即为一束光的强度衰减到原始强度 2% 的距离。

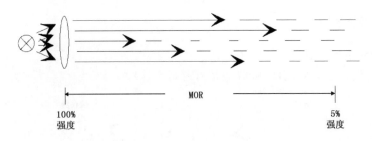

图 7-38　MOR 的定义示意图

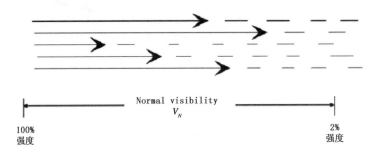

图 7-39　V_N 的定义示意图

(4)MOR 与 V_N 的差异

DNQ1/V35 能见度传感器测量的数值与实际人眼观察值是有差别的,一般情况下 DNQ1/V35 能见度传感器测量的数值比实际人眼观察值小,数值大约是人眼观察值的 1/3 左右,这是由于其测量原理的因素造成的。

1)MOR 的计算

由比尔-布格-朗伯定律(Law of Beer-Bouguer-Lambert)

$$F = F_0 \cdot \exp(-x\sigma) \tag{7-3}$$

式中,F 为(在 x 距离处的)光通量,F_0 为原始光通量($x=0$),x 为距离,σ 为消光系数(等于悬浮粒子吸收系数与散射系数的和)。上式亦简称比尔定律。

再由 WMO 定义的 MOR 为

$$F/F_0 = 5\% = 0.05 \tag{7-4}$$

$$F/F_0 = \exp(-x\sigma) \Rightarrow 0.05 = \exp(-x\sigma) \tag{7-5}$$

因此,MOR 可以由消光系数计算得到

$$x = MOR = \frac{-\ln(0.05)}{\sigma} \approx \frac{3}{\sigma} \tag{7-6}$$

2)V_N 的计算

由比尔定律

$$F = F_0 \cdot \exp(-x\sigma)$$

再由 V_N 的定义

$$F/F_0 = 2\% = 0.02 \tag{7-7}$$

$$F/F_0 = \exp(-x\sigma) \Rightarrow 0.02 = \exp(-x\sigma) \tag{7-8}$$

因此，V_N 可以由消光系数计算得到

$$x = V_N = \frac{-\ln(0.02)}{\sigma} \approx \frac{3.9}{\sigma} \tag{7-9}$$

即可得出　　$\dfrac{V_N}{MOR} = \dfrac{3.9}{3} = 1.3$ 倍

例如：在各条件都相同的情况下，人眼观测到的距离为 1300m（必须是准确的、严格的、标准的人工观测方法），而能见度仪所能检测到的距离只有 1000m。

7.4.2　设备工作原理

DNQ1/V35 前向散射式能见度仪是一个独立的仪表，可以使用安装法兰将其固定到桅杆侧面或横臂。图 7-40 介绍了 DNQ1/V35 前向散射式能见度仪各单元的名称。

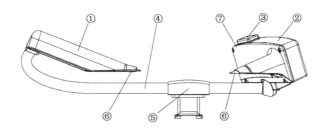

图 7-40　DNQ1/V35 前向散射式能见度仪

（1—发射器；2—接收单元；3—空白面板；4—管中的 Pt100 温度传感器；5—安装座；

6—护罩式加热器（可选）；7—亮度传感器 PWL111（可选）的位置）

DNQ1/V35 前向散射式能见度仪使用前向散射测量原理测量能见度。它发出红外光脉冲，并测量大气中悬浮粒子的前向散射光强度，具体原理可见图 7-41。

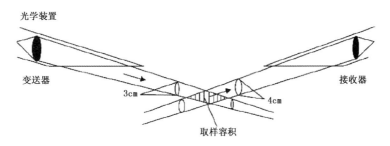

图 7-41　DNQ1/V35 光学系统工作原理

DNQ1/V35 测量从 45° 角散射的光。此角度对各种类型的自然雾气反应平稳。降水水滴散射光的方式不同于雾气，因此必须单独分析其对能见度的影响。DNQ1/V35 可以根据光学信号检测和测量降水水滴，并使用此信息处理散射测量结果。采用适当的算法将测量值转换成气象能见度值。它结构简单，工作稳定性好，可靠性高，能耗低，使用维护方便，可对大气能见度进行连续观测。主要技术指标见表 7-11。

表 7-11　前向散射能见度仪主要技术指标

测量范围	10～35000m
工作温度	−40～＋60℃
安装要求	必须避免阳光直射到光接收器
测量精度	±10％,测量范围:10～10000m ±15％,测量范围:10000～35000m
最大功耗	3W,12～50V
加热器功耗	65W,24V

7.4.3　标准测量

将 DNQ1/V35 能见度传感器红线与黑线连接到电源的 12V 与 GND,绿线与黄线分别连接到 DB9 孔插头的 2、3 脚,灰线连接到 DB9 孔插头的 5 脚,DB9 孔插头插入到 PC 上通信串口上。

打开 PC 上的串口调试助手,串口参数设置为 9600、E、7、1。

发送如下命令进入命令模式才能发送得到能见度传感器数据的命令:

Open ↙　(进入命令模式)

AMES 0 60 ↙　(发送命令每 60 秒得到一条信息 0 命令)

得到当前能见度信息 message 0。

信息 0 内容如图 7-42 所示。

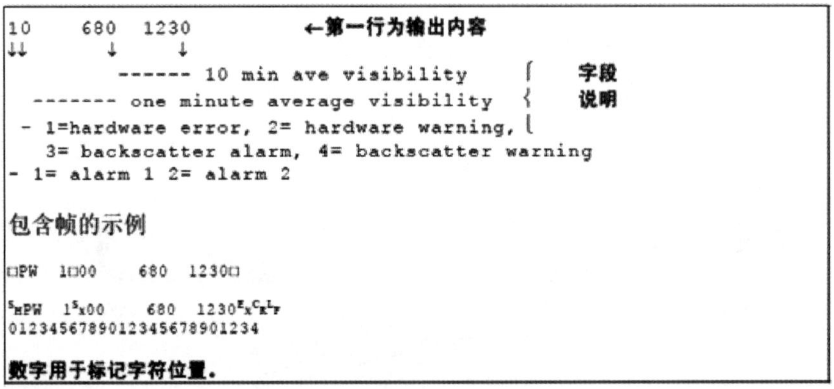

图 7-42　信息 0 显示的内容说明

信息 0 仅显示 1 分钟的平均能见度和 10 分钟的平均能见度。图 7-42 中第一行数据位输出能见度数值,其中 680 是指当时 1 分钟能见度平均值,1230 则是指当时 10 分钟能见度平均值。其余行均为第一行的字段说明。

测量完成后,需发送如下命令退出命令模式后能见度传感器方能正常工作。

Close ↙　(退出命令模式)

7.4.4　信号流向和故障诊断流程

（1）信号流向

图 7-43 标示了 DNQ1/V35 能见度传感器,经过测量运算后的信号通过 RS232 方式输出,接入采集器串行通道 4 的信号流向。通过流向图(图 7-43)可以看出,DNQ1/V35 能见度传感器的黄色、绿色、灰色三条信号线,通过机箱插头和机箱内接线排,进入 HY3000 采集器 RS232-4 采集通道。红色、黑色两条传感器供电线,通过机箱插头和机箱内接线排也分别接入了采集器机箱内的 12V、GND。白绿/棕绿、白黄/棕黄共四条加热供电线,分别通过接线排和保险管接入了 24V 交流环形加热变压器。而 24V 交流环形加热变压器的输入端 220V 交流线,与加热空气开关接在一起。

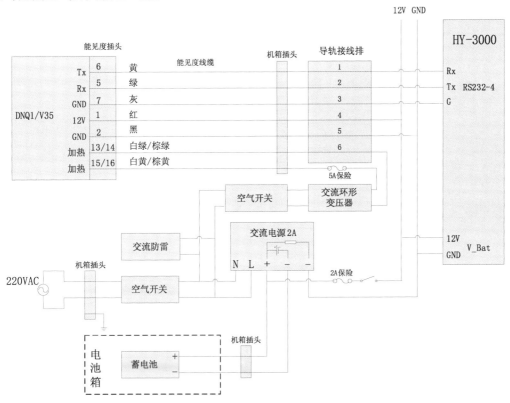

图 7-43　DNQ1/V35 能见度传感器测量信号流向图

（2）故障诊断流程

能见度传感器故障的排查应根据测量信号流向图的信号流向进行,首先应检测能见度传感器正常与否,确认传感器无故障后,就应确认采集器通道是否正常。确认通道无故障后,然后确认 HY3000 数据采集器是否正常。通常情况下能见度传感器故障只有排除了这三种情况,输出就应处于正常。

7.4.5　传感器故障排查方法

（1）接线方法

将能见度传感器通信端从 HY3000 采集器 RS232-4 端的插座上拔下,去除接线排中 1—3

连接该插头的线缆。将接线排 1—3 线分别接入 PC 串口 2—5 线,接线顺序如下:

- 能见度传感器黄线—Rx　(PC 串口 2)
- 能见度传感器绿线—Tx　(PC 串口 3)
- 能见度传感器灰线—GND　(PC 串口 5)

(2)调试方法

打开 PC 上的串口调试助手,参数设置为 9600、E、7、1,发送命令如下:

OPEN ↙

OPEN 命令的目的是为了进入能见度传感器的命令模式,只有进入了传感器命令模式才能向传感器发出命令,否则传感器不予理睬。具体命令见图 7-44。

图 7-44　向能见度传感器发出 OPEN 命令

进入到传感器命令模式后需要向传感器发出

AMES 0 60 ↙

AMES 0 60 命令的目的是为了向能见度传感器发出输出数据的命令,这个命令要求 DQN1/V35 能见度传感器,每 60 秒自动由串行口向外输出一组以信息 0 格式的数据,具体命令见图 7-45。

图 7-46 是能见度传感器输出信息 0 格式的数据,其中数据 30650 一列为测量当时的每 1 分钟平均值,35000 一列为测量当时的每 10 分钟的平均值。

CLOSE ↙

CLOSE 命令的目的是为了退出能见度传感器的命令模式,只有退出了传感器命令模式,传感器才能正常工作,否则传感器可能工作不正常。具体命令见图 7-47。

- 若无返回或返回值非正常能见度值,则说明有可能能见度传感器或能见度传感器线缆有故障。若返回有数据,则需要检查 HY3000 采集器的数据质量控制码;

图 7-45　向能见度传感器发出 AMES 0 60 命令

图 7-46　命令响应显示结果

图 7-47　应有当前能见度数值返回

• 如果经上述检测能见度要素无数据,且确定所有通道及接插头都可靠连接,则需查看主采中能见度要素是否被关闭。用串口调试助手对主采集器的通信串口发送 SENST VI ✓ 命令,若返回为 0,则说明该要素在主采中被关闭;再次发送 SENST VI 1 ✓,返回值:<F>表示设置失败,<T>表示设置成功;

• 经过上述检查均无问题,则可说明 HY3000 采集器有可能有故障。

(3)能见度线缆故障排查方法

从采集器机箱可判断出,故障点是能见度传感器及其线缆还是 HY3000 采集器。如通过上面的 1—2 点的测量不能收到能见度数据,基本可判断为能见度传感器及其线缆故障。判断是否能见度线缆故障的排查,其排查方法如下:

• 断开能见度传感器电源,特别是全部断开采集器内部能见度接线排右端 1—6 端的所有接线;

• 断开能见度传感器插头,逐端测量主机接线排 1—6 线缆是否有短路,如有短路说明能见度线缆故障;

• 如无短路现象,将主机能见度接线排 1—2 端短路,测量能见度插头 5—6 端是否短路,如有短路说明正常;

• 将主机能见度接线排 3—4 端短路,测量能见度插头 7—1 端是否短路,如有短路说明正常;

• 将主机能见度接线排 4—5 短路,测量能见度插头 1—2 端是否短路,如有短路说明正常。

如以上 1—5 条均正常,说明能见度线缆正常,重新恢复原接线后,能见度传感器仍不正常,能见度传感器仍无数据输出,说明能见度传感器故障,应返厂修理

7.5 太阳辐射站故障诊断

太阳辐射站主要包括辐射表和采集器,其中辐射表包括总辐射表、净辐射表、直接辐射表、散射辐射表和反射辐射表。图 7-48 为其辐射测量信号流向图。

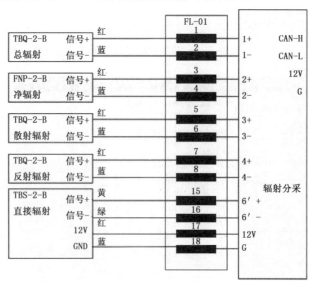

图 7-48 辐射测量信号流向图

7.5.1　总辐射表

主要故障现象:辐射表的输出是零;对输出的辐照度有质疑。

(1)工作原理

总辐射传感器主要用来测量波长为 $0.27\sim3.2\mu m$ 太阳总辐射的一级表。总辐射表由感应件、玻璃罩和附件组成。图 7-49 为总辐射表外观图,表 7-12 为总辐射表主要技术指标。

总辐射表的工作原理基于热电效应,感应元件是该表的核心部分,它由快速响应的线绕电镀式热电堆组成。感应面涂 3M 无光黑漆,感应面为热接点,当有阳光照射时温度升高,它与另一面的冷接点形成温差电动势,该电动势与太阳辐射强度成正比。

玻璃罩为半球形双层石英玻璃构成。它既能防风,又能透过波长 $0.3\sim3.0\mu m$ 范围的短波辐射,其透过率为常数且接近 0.9。双层玻璃罩是为了减少空气对流对辐射表的影响。内罩是为了截断外罩本身的红外辐射而设计的。

图 7-49　总辐射表

表 7-12　总辐射表主要技术指标

灵敏度	$7\sim14\mu V/(W/m^2)$	方位	$\leqslant\pm5\%$(太阳高度角 10°时)
响应时间	$<35s$(99%响应)	非线性	$\leqslant\pm2\%$
年稳定度	$\leqslant\pm2\%$	光谱范围	$0.27\sim3.2\mu m$
余弦响应	$\leqslant\pm7\%$(太阳高度角 10°时)	温度系数	$\leqslant\pm2\%$($-10\sim40$℃)

(2)标准测量

在 08 时,将总辐射表放置到太阳光下,辐照度约为 $657W/m^2$(经纬度的影响数据不同),使用数字万用表拨到 200mV 挡,信号端的电压,测量在太阳光下输出电压值 V 大约 $5.93\mu V$,查询灵敏度系数 K(参见随机的出厂证书),代入公式

$$E = V/K \tag{7-10}$$

式中,E 为辐照度(W/m^2),V 为信号输出电压值(μV),K 为辐射表的灵敏度[$\mu V/(W/m^2)$]。

(3)总辐射传感器故障排查方法

总辐射传感器故障的排查应根据总辐射测量信号流向图的信号流向进行,首先应检测总辐射传感器正常与否,确认传感器无故障后,就应确认采集器通道是否正常。确认通道无故障后,然后确认 HY1300 数据采集器是否正常。通常情况下总辐射传感器故障只有排除了这三种情况,输出就应处于正常。具体做法如下。

1)检查辐射表的输出是零

首先判断故障点是辐射传感器及其线缆还是 HY1300 采集器。将总辐射传感器通信端从 HY1300 采集器拔下,将防雷板处 1、2 处端子拔下(图 7-50),将数字万用表拨到 2k 电阻挡,然后测量总辐射两端是否有约 200Ω,如有电阻存在,表没问题,可往后查。如果电阻为 0,说明辐射表和导线之间有短路现象。判断是辐射线缆故障。其排查方法如下:

· 断开辐射传感器电源,特别是全部断开采集器内部辐射接线排右端 1—2 端的所有接线。

· 断开辐射传感器插头,逐端测量主机接线排 1—2 线缆是否有短路,如有短路说明辐射线缆故障。

如以上均正常,说明辐射线缆正常,重新恢复原接线后,辐射传感器仍不正常说明辐射传感器故障,应返厂修理。

图 7-50　辐射防雷板端子图

2)无数值显示

先检查辐射表输出是否处于开路状态,同样将 1、2 号端子拔下,用数字万用表(2k)挡测量,如显示为"1",说明开路,再检查辐射表与导线之间是否有断开现象。拔下辐射表插头,测量插座 1 针,2 针的电阻值,如显示"1"。说明辐射表内开路,否则导线有问题。

3)对输出的辐照度有质疑

将数字万用表拨到 200mV 挡,红表笔接到 1 号端了,黑表笔接到 2 号端子,在太阳光下测量输出电压值 V。按公式(7-10)计算当时的辐照度。如果该值与计算机显示相同,说明该表的灵敏度需要检查,用命令 SENSI 查看灵敏度设置,如果灵敏度设置没有问题则应检查计算机内参数设置是否有误。

4)设置灵敏度

打开 PC 上的串口调试助手,参数设置为 9600、N、8、1。

命令符:SENSI XX ↙

其中,XX 为辐射传感器标识符。

参数:辐射传感器的灵敏度值,单位为 $\mu V/(W/m^2)$,取 2 位小数。若为净辐射,则返回两组值,第 1 组为传感器白天灵敏度值,第 2 组为传感器夜间灵敏度值,两组数据之间用半角"/"分隔。

示例:若总辐射灵敏度值 10.32,则键入命令为:

SENSI GR 10.32 ↙

返回值:<F>表示设置失败,<T>表示设置成功。

若数据采集器中的净辐射灵敏度值白天为 9.34,夜间为−10.20,直接键入命令:SENSI NR ↙,正确返回值为<9.34/−10.20>。

5)设置数据质量控制参数

打开 PC 上的串口调试助手,参数设置为 9600、N、8、1。

设置或读取各传感器测量范围值(QCPS)

命令符:QCPS XXX ↙

其中,XXX 为传感器标识符,由 1∼3 位字符组成。

参数:传感器测量范围下限　传感器测量范围上限　采集瞬时值允许最大变化值。各参数值按所测要素的记录单位存储。某参数无时,用"/"表示。

示例:若气温传感器测量范围下限为−90℃,上限为 90℃,采集瞬时值允许最大变化值为 2℃,则键入命令为:

QCPS T1 −90.0 90.0 2.0 ↙

返回值:<F>表示设置失败,<T>表示设置成功。若读取采集器中湿敏电容传感器的设置值,湿度传感器测量范围下限为 0,上限为 100,采集瞬时值允许最大变化值为 5,直接键入命令:

QCPS RH ↙

正确返回值为<0 100 5>。

6)设置或读取各要素质量控制参数(QCPM)

命令符:QCPM XXX

其中,XXX 为要素所对应的传感器标识符,由 1∼3 位字符组成。瞬时风速用 WS 表示,2 分钟风速用 WS2 表示,10 分钟风速用 WS3 表示。

参数:要素极值下限　要素极值上限　存疑的变化速率　错误的变化速率 最小应该变化的速率。各参数按所测要素的记录单位存储。某参数无时,用"/"或 "—"表示。

示例:若气温极值的下限为−75℃,上限为 80℃,存疑的变化速率为 3℃,错误的变化速率 5℃,最小应该变化的速率 0.1℃,则键入命令为:

QCPM T1 −75.0 80.0 3.0 5.0 0.1 ↙

返回值:<F>表示设置失败,<T>表示设置成功。

若读取瞬时风速的质量控制参数,瞬时风速的下限为 0,上限为 150.0,存疑的变化速率为 10.0,错误的变化速率为 20.0,最小应该变化的速率为"—",直接键入命令:

QCPM WS ↙

正确返回值为:<0 150.0 10.0 20.0 —>。

7.5.2　净辐射表

净全辐射表出现的故障和处理方法与总辐射表基本相同。但最常见的故障是薄膜罩漏水使得感应面潮湿,造成记录出错。因此,台站要备足薄膜罩与橡皮垫圈及时更换,保持好密封性。

（1）工作原理

净辐射是研究地球热量收支状况的主要资料。净辐射为正表示地表增热，即地表接收到的辐射大于发射的辐射，净辐射为负表示地表损失热量。净辐射用净辐射表测量。常用的净辐射表为 FNP-1 型净辐射表传感器，测量范围为 $0.27 \sim 3.0 \mu m$ 的短波辐射和 $3 \sim 100 \mu m$ 的长波辐射。

净辐射表由感应件、薄膜罩和附件等组成。该表的工作原理为热电效应，感应部分是由康铜镀铜组成的热电堆，热电堆的外面紧贴着涂有无光黑漆的上下两个感应面，由于上下感应面吸收辐照度不同，因此热电堆两端产生温差，其输出电动势与感应面黑体所吸收的辐照度差值成正比。为了防止风的影响及保护感应面，该表装有既能透过长波辐射、又能透过短波辐射的聚乙烯薄膜罩。

表 7-13　净辐射表主要技术指标

电气特性	额定电阻	2.3Ω
	响应时间	$<20s$
	额定灵敏度	$10\mu V/(W/m^2)$
	信号范围	$-25 \sim +25mV$
	稳定度	$<\pm 2\%/a$
	非线性	$<1\%(2000W/m^2)$
光谱特性	光谱范围	$0.2 \sim 100\mu m$
方向性	方向误差	$<30W/m^2(0.60℃,1000W/m^2)$
	不对称性	$\pm 20\%$
环境温度		$-30 \sim +70℃$

计算原理见公式（7-10）。由于测量 $0.3 \sim 100 \mu m$ 波长的全波段的光辐射，所以感应面外罩为上下两个半球形聚乙烯薄膜罩，能透过短波辐射和长波辐射，为保持罩的半球形，用充气装置向罩内充入干燥气体，排出湿气。薄膜罩上放置橡胶密封圈，然后用压圈旋紧，使得薄膜罩牢牢固定住。

（2）标准测量、故障诊断

净全辐射标准测量、故障诊断方法同总辐射表，注意净辐射灵敏度在夜间是负值。

7.5.3　直接辐射表

主要故障现象：跟踪不正常，有规律偏差；进光筒故障。

（1）工作原理

测量垂直太阳表面（视角约 $0.5°$）的辐射和太阳周围很窄的环形天空的散射辐射称为太阳直接辐射。太阳直接辐射是用太阳直接辐射表（简称直接辐射表或直射表）测量。常用的直接辐射表为 FBS-2B 型直接辐射表（图 7-51），用于测量光谱范围为 $0.27 \sim 3.2 \mu m$ 的太阳直接辐射量。当太阳直接辐射量超过 $120W/m^2$ 时和日照时数记录仪连接，也可直接测量日照时数。

光筒内部由 7 个光栏和内筒、石英玻璃、热电堆、干燥剂筒组成。7 个光栏是用来减少内部反射，构成仪器的开敞角并且限制仪器内部空气的湍流。在光栏的外面是内筒，用以把光栏内部和外筒的干燥空气封闭,以减少环境温度对热电堆的影响。在筒上装置 JGS3 石英玻璃片,它可透过 $0.27\sim3.2\mu m$ 波长的辐射光。光筒的尾端装有干燥剂,以防止水汽凝结物生成。

图 7-51　直接辐射表

感应部分是光筒的核心部分,它是由快速响应的线绕电镀式热电堆组成。感应面对着太阳一面涂有美国 3M 无光黑漆,上面是热电堆的热接点,当有阳光照射时,温度升高,它与另一面的冷接点形成温差电动势。该电动势与太阳辐射强度成正比。

自动跟踪装置是由底板、纬度架、电机、导电环、蜗轮箱(用于太阳倾角调整)和电机控制器等组成。驱动部分由石英晶体振荡器控制直流步进电机,电源为直流 $6\sim15V$。该电机精度高,24 小时转角误差 $0.25°$ 以内。当纬度调到当地地理纬度,地板上的黑线与正南北线重和,倾角与当时太阳倾角相同,即可实现准确的自动跟踪。直接辐射表主要技术指标见表 7-14。

表 7-14　直接辐射表主要技术指标

灵敏度	$7\sim14\mu V/(W/m)$	光谱范围	$0.27\sim3.2\mu m$
响应时间	$25s(99\%)$	稳定性	$\pm1\%$
内阻	约 100Ω	电源电压	$6\sim9VDC\pm15\%,220VAC\pm10\%$
信号范围	$-25\sim+25mV$	工作环境温度	$-50\sim+50℃$
跟踪精度	$24h<\pm1°$	相对湿度	$0\sim100\%RH$

(2)标准测量、故障诊断

直接辐射标准测量同总辐射表。注意:在业务中,跟踪器需要每天认真检查工作状态。

(3)直接辐射传感器故障排查方法

直接辐射传感器故障的排查应根据直接辐射测量信号流向图的信号流向进行,具体做法如下:

• 如果跟踪不正常,则检查 17,18 号端子之间的电压是否在 12V 左右;并把对时开关打开,看其能否正常转动,如果对时准确,说明直表电机及控制器没有问题,如果直接辐射表光筒上的光点跟踪不准确,则检查其正南正北线是否正确,仪器是否水平,纬度是否调整好等(图7-52)。

• 如果跟踪正常而数值异常,则拆下 17,18 号接线端子,用数字万用表 2000Ω 电阻挡,测量其输出电阻是否约为 70Ω,如果有电阻,说明正常。如果没有电阻,检查导线是否接触良好。

图 7-52　纬度调节刻度

• 如果还要进一步确认一下,那么,将数字万用表拨到 200mV 电压挡,红表笔接到输出导线 17 号端子上,黑表笔接到输出导线 18 号端子上,将光筒上光点对准太阳光检查是否有电压,然后把保护罩盖上,检查输出电压应为 0。如果符合上述条件,则说明辐射传感器正常。

• 如果还是不正常,则应从接线端后查,确认辐射变送器到防雷板,再到采集单元的导线是否接触良好,再量一下采集单元上的 6＋、6－是否有电压输出,方法同上,如果正确,请检查采集单元和软件。

• 光筒进水,光筒密封不好,烘干后用胶封干,再加聚乙烯醇缩醛胶封或返厂修理。

7.5.4　散射辐射表与反射辐射表

散射辐射传感器与反射辐射传感器表现出的故障和处理方法与总辐射表基本相同,排查时需要注意散射辐射与反射辐射传感器的防雷板接线端子序号,可通过信号流向图获取。

总辐射中把来自太阳直射部分遮蔽后测得的为散射辐射或天空辐射。总辐射表感应面朝下所接收的为反射辐射。散射辐射和反射辐射都是短波辐射。这两种辐射均用总辐射表(以 TBQ-2B 型为例)配上有关部件来进行测量。

散射辐射表是由总辐射表和遮光环两部分组成。遮光环的作用是保证从日出到日落能连续遮住太阳直接辐射。它由遮光环圈、标尺、丝杆调整螺旋、支架、底盘等组成(图 7-53)。

图 7-53　散射辐射表

技术指标同总辐射的技术指标。

7.6　电源系统故障诊断

新型自动气象站无响应状态下,对电源系统故障的排查包括自动站自身供电的检查和外围通信部件(硬件综合管理控制器、室内光纤转换器)供电状态检查,可能的原因主要包括 4 种原因。

(1)自动站电源系统故障

自动站电源的故障是电源系统主要故障之一,其主要原因有以下几点:

• 电源线短路或断路,可用万用表检测交流电输入输出端电压是否正常;

• 自动站电源部分保险烧毁,检查保险管是否损坏,正常状态下保险管应该是导通的,在大电流烧坏的情况下保险管测量时表现为断路;

• 充电控制器损坏,检查充电控制器输出电压是否在正常范围。充电控制器正常的输入输出电压值在其接口处均有标注;

• 电源系统的蓄电池达到使用寿命后性能下降,在无交流供电情况下设备工作异常,检查蓄电池在连接负载时端电压是否正常;

• 由于交流电来源故障,而长期使用蓄电池供电,导致电池产生过放电现象,致使自动站电源系统自动保护,也是电源系统多发故障之一。该故障只需接入交流电即可排除。

• 自动站交流电源供给异常,使用测电笔检查是否室内交流电供给自动站时将应有的火线—零线错接为火线—地线。

(2)因负载故障而引发的电源短路故障

由负载产生短路而导致电源系统产生短路的故障也是电源系统主要故障之一。其主要原因有以下几点:

• 主采集器短路引发的故障;

• 传感器短路引发的故障;

• 各分采集器短路引发的故障。

对于这类故障,首先要切断直流输出(断开直流开关),检查负载线路有无短路现象,如有短路现象,需进一步断开所有负载,然后逐项增加负载,寻找短路点。

如负载无短路现象,则需考虑该现象是否为偶发情况。

(3)偶发性故障

对于偶发性电源故障,可能是负载由于偶然的原因,产生了短路现象,进而烧毁了保险管,对于这种现象,首先应更换保险管,随时观察电源系统是否正常,如还存在故障,应考虑是否存在负载瞬时短路现象。

(4)外围通信部件电源故障

自动站通过硬件综合管理控制器与室内业务计算机通信时,自动站的串口信号先进入硬件综合管理控制器的串口,硬件综合管理控制器将串口信号转换为光信号通过光纤传输至室内光纤转换器,室内光纤转换器将光纤信号转换为以太网数字信号接入计算机网口。因此,自动站无响应的情况下,若自动站供电正常,还需要检查硬件综合管理控制器和室内光纤转换器的供电电压是否与设备指标相符。

7.7　通信系统故障诊断

通信系统故障主要表现为业务软件无法收集到自动站的数据,或者通过监控终端人工发送指令,自动站无响应。

新型自动气象站与业务计算机之间的通信连接方式分两种:一种是新型站通过串口隔离器使用长线缆连接业务计算机串口;另一种为新型站通过硬件综合管理控制器接入业务计算机网口。

7.7.1　长线直连通信方式故障

长线直连通信方式故障其主要原因有以下几点:

• 串口通信电缆出现短路或断路,检查通信电缆是否短路或断路,特别是航空插头焊接点是否出现断路;

• 串口参数设置与实际不符,检查计算机数据收集软件串口参数是否与实际相符,包括:串口号、波特率、数据位、停止位、校验位等。出厂默认串口参数如下:波特率:9600;数据位:8;停止位:1;校验位:NONE。

• 采集器串口出现故障,使用测试线连接采集器通信串口和计算机串口,检查采集器的通信串口是否正常;

• 本地计算机串口出现异常,可更换计算机串口进行测试;

• 串口隔离器出现异常,可更换新的串口隔离器进行测试。注意串口隔离器通常是成对使用,故要对两个串口隔离器分别排查。

7.7.2　硬件集成控制器通信方式故障

主要故障现象:计算机无法收到所有采集器的所有数据;计算机无法收到个别采集器的数据。

(1)系统概述

硬件集成控制器的功能是将观测场的新型自动站、辐射站,以及云、能、天等串口设备的信息进行整合,通过网络方式接入台站业务计算机。硬件集成控制器共有八路串口输入。

硬件集成控制器主要包括:串口设备联网服务器(NPort5650)、串口隔离器(GL-3)、RS232/485转换器(P-580)、光纤交换机(EDS-205A)、室内光纤转换器(IMC-101)以及相应的供电电源组成。系统框图见图7-54。

硬件集成控制器信号流向图标示了任一串口设备信号由防雷板接入机箱经过硬件集成控制器整合直至进入室内业务计算机的信号流向。

通过硬件集成控制器信号流向图(以Port1为例)(图7-55)可以看出,某一串口设备,图7-55中标示为"设备1",若为RS232信号,则接入防雷板的1—3,再经过一个GL-3(串口隔离器)接入到NPort5650的Port1上;若"设备1"为RS485信号,则接入防雷板的4—7,再经过P-580将RS485信号转为RS232信号后接入到NPort5650的Port1上。

其他7路输入原理一样,只是接入防雷板的位数不一,具体查看硬件集成控制器机箱门内侧的接线图或防雷板标示。

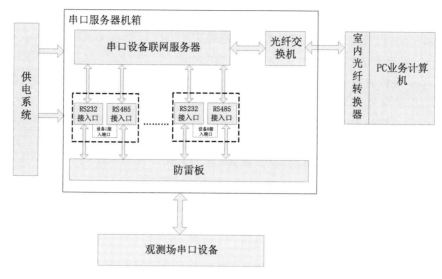

图 7-54　系统框图

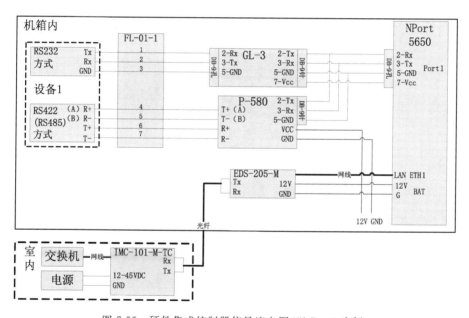

图 7-55　硬件集成控制器信号流向图(以 Port1 为例)

信号进入 NPort5650 后,利用 NPort5650 的 LAN ETH1 网口经过网线进入光纤交换机(EDS-205A)将信号转由光纤传输出机箱,进入室内安装的光纤转换器(IMC-101)再将光纤信号转由网线传输入网络交换机,业务计算机连接此网络交换机便可获得八个串口设备的信号。

(2)故障诊断流程

硬件集成控制器故障的排查应根据信号流向图的信号流向进行,首先应确认串口隔离器(GL-3/P-580)是否正常,确认串口隔离器无故障后,检测通道正常与否,确认通道无故障后,然后确认 NPort5650 是否正常。通常情况下硬件集成控制器故障只要排除了这三种情况,通信就应处于正常。

（3）串口隔离器故障排查

若计算机无法接收到个别采集器信号，很有可能为对应的串口隔离器故障，串口隔离器包括 GL-3 与 P-580，设备为 RS232 信号直接检测对应的 GL-3，设备为 RS485 信号的直接检测对应的 P-580，排查方法如下：

• 将 GL-3 连接防雷板一端的 DB9 插头拆下，使用万用表拨至 20VDC 电压挡测量 7、5 两脚之间电压，正常应为 12V 左右，若异常，则转至 NPort5650 故障排查。

• 将 GL-3 两端的 DB9 插头拆下，使用万用表拨至二极管测量挡，测量 GL-3 两端的 2、3、5、7 脚是否一一对应导通，正常应导通，若不导通，则说明串口隔离器故障，更换 GL-3。

• P-580 供电端（绿色端子的红、黑两色线）使用万用表拨至 20VDC 电压挡测量，电压应为 12V 左右为正常，若为 0，检查供电接线。

• 将 P-580 用机箱内其他未使用的 P-580 代替，若代替后计算机接收到该路采集的信号，则说明 P-580 故障，更换 P-580。

（4）通道故障排查

硬件集成控制器通道部分，是指从串口设备到硬件集成控制器机箱之间与硬件集成控制器至业务计算机之间的所有硬件器材（图 7-56）。它包含了串口设备通信线、光纤、光纤交换机（EDS-205A）、室内光纤转换器（IMC-101）、网线、网络交换机等连接部分。其排查方法如下：

图 7-56　硬件集成控制器机箱内部

• 将设备通信线从硬件集成控制器防雷板上拆下接入采集器测试线。其中 9 芯插头 3 脚与通道 Rx 端连接、2 脚与通道 Tx 端连接，5 脚与串口 1 通道 G 端连接。

• 将 9 芯插头与 USB 串口转换线连接后，接入笔记本电脑，打开串口调试助手软件，选择相应串口（若不记得串口号，可查看安装时填写的《硬件集成控制器串口映射登记表》）。

• 检查每分钟是否有数据返回，有数据返回为正常，进入步骤 3，若无，则说明通道故障，进入步骤 2。

• 将设备通信线从设备机箱与硬件集成控制器机箱两端拆下，一端两两短接，另一端用万用表拨至二极管测量挡测量短接的两线是否导通，若导通，则说明此设备故障，转至相应故障检测流程,若不导通,则说明设备通信线有折断处,更换通信线。

• (个别采集器无数据时无需进行此项)将光纤两端拆下,使用红光笔测试光纤有无折断,若光纤折断,更换光纤。

• (个别采集器无数据时无需进行此项)业务计算机打开 TCP 测试程序(图 7-57),选择服务器端开始侦听。

• 将网线插头从 NPort5650 上拆下,插入笔记本电脑,修改笔记本电脑 IP,使之与业务计算机在同一网段内(例如:业务计算机 IP10.36.7.233,笔记本 IP 10.36.7.165)。

• 笔记本电脑打开 TCP 测试程序(图 7-58),选择客户端,填写服务器 IP 及端口号,连接到服务器(业务计算机),若提示无法建立连接,则说明通道故障,逐一更换室内网线、网络交换机、IMC-101、EDS-205A、机箱内网线,查看笔记本电脑能否连接到业务计算机并进行数据收发。

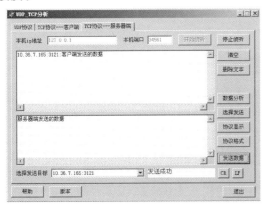 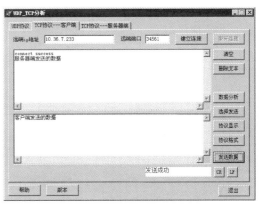

图 7-57 业务计算机上运行的 TCP 测试程序   图 7-58 笔记本电脑上运行的 TCP 测试程序

• 如以上均为正常,分别测量硬件集成控制器机箱内两块防雷板各端是否与地板短路,3、10、17、24 端短路为正常,其余端不短路为正常。

• 如以上 1—4 点均为正常,则先将所有接线,按图示硬件集成控制器信号流向图的接线方法恢复所有接线。

(5)NPort5650 故障排查

经过串口隔离器故障排查和信号通道故障排查,若均为正常情况,则应进入 NPort5650 故障排查阶段,其排查方法如下:

• 打开硬件集成控制器机箱,使用万用表拨至 20VDC 电压挡测量 NPort5650 供电端,正常应为 11.6~13.8V。若电压异常,转至电源故障检测流程。

• 在业务计算机上打开 NPort Administrator(确保业务计算机与 NPort5650 在同一网段上),搜索设备,搜索到相应的设备为正常,若搜索不到,则说明 NPort5650 故障。

• 连接到设备后,查看映射的串口是否与现有真实串口(设备管理器中查看)冲突,若有冲突则修改映射的串口号。

• 打开串口调试助手,逐一打开每个映射的串口,打开成功为正常,若单个串口打开失败,则说明 NPort5650 的该串口故障。若所有串口均打开失败,则可能为局域网中有设备与 NPort5650 IP 冲突,修改 NPort5650 的 IP,重新映射串口,配置业务软件。

• 检查打开的串口（该串口对应的硬件集成控制器输入端应有正常设备连接），每分钟有数据返回为正常，若无数据返回，则说明 Nport5650 故障。（注：此处检测所用串口调试助手不要使用如图 7-59 所示的图标，此图标的串口调试助手从 COM9 开始往后的串口无用，不能满足检测需要）

图 7-59

附录 1　国家级地面观测站观测场布局设计图

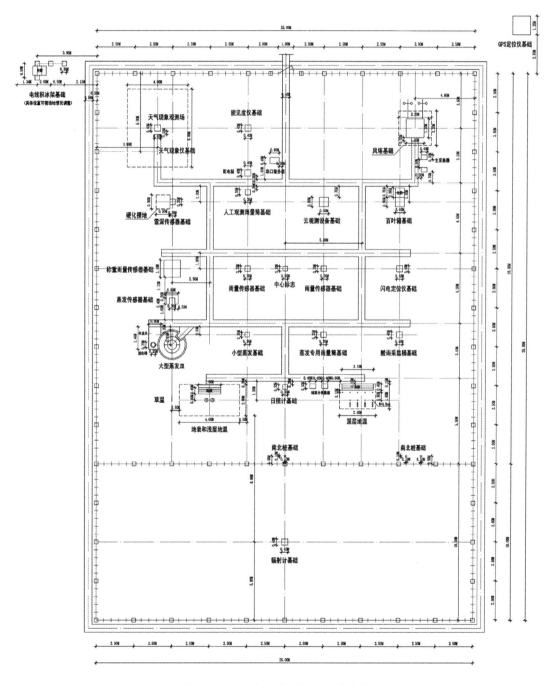

图 F1-1　地面气象观测场布局设计图

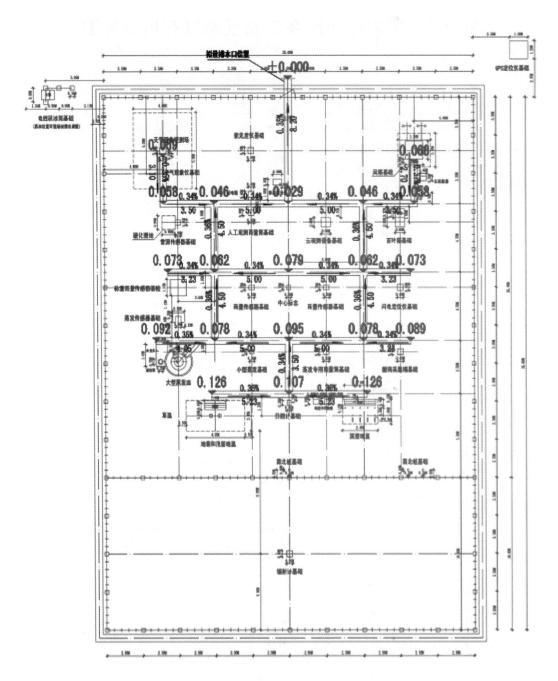

图 F1-2　地面气象观测场路面竖向规划图 A

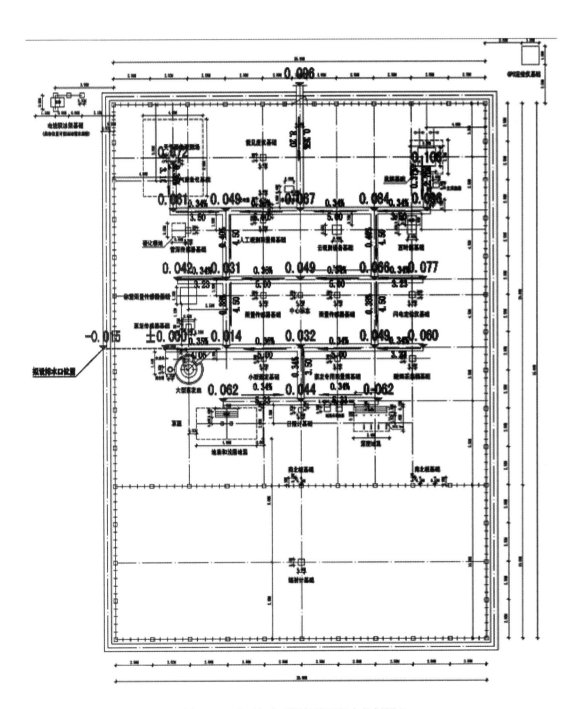

图 F1-3　地面气象观测场路面竖向规划图 B

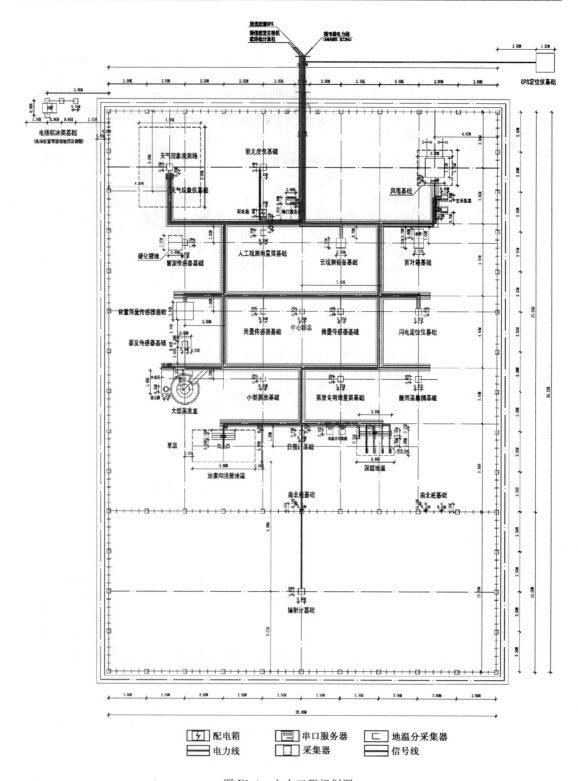

图 F1-4　电力工程规划图

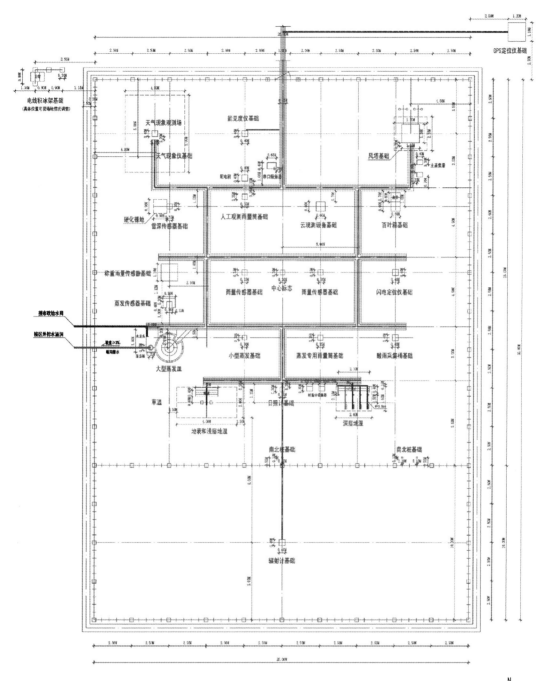

桥架及PVC管布置图

	给水管线		弱电桥架		PVC管
	排水管线		强电桥架		镀锌管

图 F1-5　桥架及 PVC 管布置图

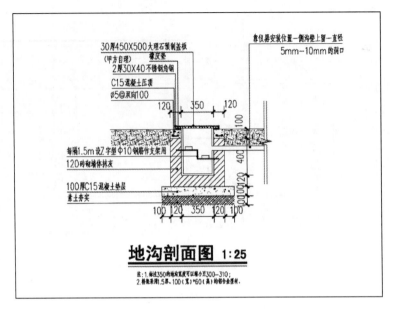

图 F1-6　地沟设计施工图

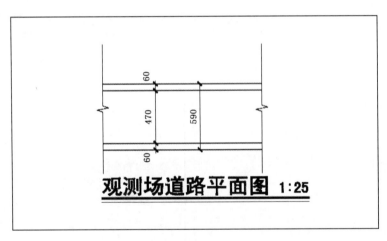

图 F1-7　观测场道路设计施工图

附录2 台站地面综合观测业务软件常见问题解答集锦

一、通用篇

1. SMO、MOI 和 MOIFTP 是否可以关掉?

答:该三个软件必须 24 小时全天候运行,不能关闭。

2. . NET Framework 4 安装不成功,提示"一般信任关系失败"?

答:这是因为您系统中的 DLL 注册存在问题,请按以下步骤解决问题。按 Win(Windows 徽章键)+R,弹出运行对话框,输入"cmd"然后回车。输入下面命令:

regsvr32 /s Softpub. dll

regsvr32 /s Wintrust. dll

regsvr32 /s Initpki. dll

regsvr32 /s Mssip32. dll

再重新安装 . NET Framework 4。

3. MOI 和 SMO、MOIFTP 三个文件是绿色安装的吗?

答:不是绿色安装,有安装包。

4. 新型自动站风向风速离地面的高度是多少米?

答:10 米。

5. 当出现分钟温度跳变,阻值很大,如何修改?

答:硬件导致的问题,请咨询相应的设备厂家。华云设备请咨询 400-818-6116。

6. 查看分钟数据一定先形成 J 文件才能看吗? 那么地温的分钟变化就没办法查看了?

答:分钟数据的实时变化可通过 SMO 软件查看。

7. 异常数据人工修改,是在 SMO 里还是 MOI 里?

答:在定时观测时次,在 MOI 里修订。

8. 如何设置地方时差? 是否需要下载到采集器?

答:在台站参数中有"地方时差"参数,主要用于辐射计算,可以通过 MOI 提供的地方时差计算工具进行计算,以分钟为单位填入并下载到采集器。没有辐射观测的台站可以不填。

9. 蒸发加水取水,软件如何处理?

答:在 MOI 分钟资料显示界面提供了大型蒸发"调整"按钮,凡是对大型蒸发加水或取水后通过按动"调整"按钮,自动计算和保存水位变化的情况。

10. 能见度日最小值是从 10 分钟平均能见度中挑选的,雾的最小能见度也是在 10 分钟平均能见度中挑选的,为什么这两个值会不一致?

答:视程障碍类判断的能见度是在 10 分钟滑动平均值上又做了一次 10 分钟滑动平均值,视程障碍挑选的最小值是在现象出现的时间范围内的 10 分钟平均能见度值。

11. 有些站的采集软件和业务软件不能同时打开是什么原因? 系统也重新装了?

答:在计算机右键"属性→高级→性能→高级→更改"里设置系统的虚拟内存为"自动管理所有驱动器文件大小"。如果是 Win7 操作系统建议物理内存至少增加到 4G。

12. 采集软件和业务软件都安装了,参数也设置了,就是没有数据采集,不知道是哪个环节出了问题?

答:检查串口。

13. 单纯以能见度来判定视程障碍现象有点不大合适,当时天空在下雨,明显是下雨影响能见度,软件都自动判定为"雾"?

答:这个可能要装了降水现象传感器才能解决,试点站有降水现象传感器,出现降水是不判断视程障碍现象的。

14. 定时观测降水量结冰期间,没称重式降水传感器,如何编报?

答:按照《地面气象观测业务调整技术规定》,非结冰期,所有降水记录原则上以翻斗雨量传感器为准,称重降水传感器或备份站翻斗雨量传感器作为备份,取消人工观测。无自动观测设备备份的观测站,保留人工观测作为备份。

结冰期,所有降水记录以称重降水传感器为准,人工观测为备份;无称重降水传感器的观测站,以人工观测记录为准。

15. 视程障碍类天气现象实现自动观测后,还用往气簿上写吗?

答:根据《地面气象观测业务调整技术规定》中规定:已经取消的观测项目和已经实现自动观测的相关记录,不再记入气簿-1。

16. 软件中只能修改正点能见度数据,在哪儿能将分钟能见度缺测?

答:按照《地面气象观测业务改革调整技术规定》,不需要修改分钟数据。

17. 大型蒸发溢流,怎么处理?

答:根据各省的业务规定进行处理。

18. 重要天气报中取消了雨凇而没有提到雾凇,它们的编码是一样的是否理解为雾凇重要报也取消了? 重要报取消了降水是否可理解为包括固态和混合降水?

答:是的。

19. 南方的台站没有大型蒸发设备,怎么办?

答:采购。目前软件不支持人工的大型蒸发。

20. 遮光环系数没有录入界面?

答:由设备来处理。

21. 能见度跳变太厉害,实测数据中第1分35.0,第2分8.5?

答:由于采样区受到环境杂物和光或烟雾等影响,有时会发生跳变,建议采用十分钟滑动平均数据,如果一直跳变厉害,建议联系厂家,可能是设备有问题或存在干扰源。

22. 航空报的天气现象还是34种?

答:按照《地面气象观测业务改革调整技术规定》或省内业务规定处理。

23. 新型站的气温极值和现在业务设备相比有误差?

答:通常是因为设备不同导致,如果两者数据比较后明显异常,建议联系厂家。

24. 新型站和老站的气压传感器不在一个高度上,代替的时候怎样进行高度差订正?

答:如果设备不在同一地点,在两者的比较时应该存在差异,建议不要代替。但具体还是要按照省内业务规定来执行。

25. MILOS 520 可以安装 ISOS-SS 软件吗?

答:ISOS-SS 软件只适用于新型自动站,接入方式数据格式都不同,MILOS 520 可以安装

OSSMO 软件。

26. 原来 OSSMO 中的 Z 文件，改成了新型站的 H_Z 文件，分钟改成了 M_Z 的文件，数据格式基本没变吧？

答： H_Z、M_Z 文件与 OSSMO 中 Z 文件不同，目前无法做到数据文件的兼容。根据台站反映的实际情况，计划开发数据文件转换工具，实现 OSSMO 中正点自动观测数据文件转换到 ISOS 中相应文件。

27. 网络校时方式易造成数据缺测，建议用 GPS 授时，软件重启后和其他时次均由采集器时间校对计算机时间，如何保证采集成功率？

答： 网络授时方式由中国气象局预报网络司 2012 发文年规定，该方案已经在全国 9 个试点站进行业务试用，经 1 年多的试用评估分析，没有造成数据缺测。如果发现校时出现偏差，可增加校时频率。

二、SMO 篇

28. 如果 SMO 分钟数据有问题，并影响了小时极值，如何处理？

答： 根据《地面气象观测业务调整技术规定》，白天正点记录出现异常时，定时观测时次的记录应立即进行处理，其他正点时次的记录应在下一定时观测前完成修改、上传。夜间正点记录出现异常时，应在当日 10 时前完成修改、上传。若夜间数据异常影响到 08 时、09 时记录时，应在 10 时前对 08 时、09 时相应记录进行修改、上传。

在 MOI 软件的观测与编报→正点观测编报中修改。

29. 在 SMO 软件中，查询能见度数据，结果出现红色，代表什么意思？

答： 数据经过质控，红色为缺测。如果是用的模拟数据，因为数据质控码为系统模拟，数据也是模拟的，所以会出现有数据，但是又会出现质控码为"8，缺失数据"的提示。

30. 在 SMO 软件中，能见度数据，鼠标点上去，有提示"8，缺失数据"，这个怎么解释？

答： 数据经过质控，红色为缺测。如果是用的模拟数据，因为数据质控码为系统模拟，数据也是模拟的，所以会出现有数据，但是又会出现质控码为"8，缺失数据"的提示。

31. SMO 软件中为什么出现数据观测成功率偏低的现象？

答： 确定串口是否设置正确；确定时间是否正确，通过正确设置串口，校时解决该问题。

32. 如何查看 GPS 模块是否关闭或用什么方法关闭？

答： 在 SMO 的终端管理界面，选择"新型自动站串口处理"，对采集器进行设置，输入指令 GPSSET 查看授时状态，开启 GPS 授时功能指令为 GPSSET 1，关闭授时功能指令为 GPSSET 0。建议将 GPS 模块直接从新型站主采上拔掉。

33. SMO（版本 4.0.2）安装了 27% 的时候，无法继续完成安装？

答： 若业务计算机操作系统为 win7 专业版或旗舰版，则不需要安装 framework4.0，直接安装软件即可。

34. 小时极值数和分钟极值数直接导入 OSSMO 的就可以吗？

答： 可以。在 SMO 软件中通过菜单"参数设置→分钟极值参数/小时极值参数"导入原有 OSSMO 系统中的 SysLib.mdb（默认目录是 OSSMO 包中 SysConfig 目录下）。

35. 关闭 GPS 后自动站会通过软件（SMO）自动和计算机校时吗？

答： 会的，SMO 默认是 1 小时自动校时一次。

36. SMO 参数是保存在哪个文件夹下？

答：SMO 的区站参数以及极值参数在设置好或者导入后将保存在 smo. loc 文件中，该文件存放在：安装目录→【dataset】→【省名】→【台站名】目录下的 smo. loc，Metadata 目录下存放的是项目挂接配置文件、报警设置配置、帮助文档等。

37. 如果是模拟数据，称重式降水量为什么是缺测？

答：模拟数据中不提供称重式降水。SMO4.0.2 以后不再提供模拟数据。

38. SMO 报警信息提示"天气现象校日期发生错误"等是什么意思？

答：天气现象仪等设备不支持校时指令。（建议通过质控报警参数设置取消该项检查）

39. SMO 校时的两个灯都是灰显的，有问题吗？

答：校时不是实时的，只有在每次校时时，才是绿灯。

40. SMO 多长时间校时一次？ 日期校时为什么是灰色的？

答：SMO 目前校时为每 1 小时进行一次；校时不是实时的，只有在每次校时时，才是绿灯。

41. SMO 时间一致性统计检验可疑是什么意思？

答：时间序列（1 小时、2 小时）内的要素数值变化超过经论证限定值。

42. 在 SMO 质控警告里面提个"湿球温度：可疑，内部一致性检查不通过"，这是什么意思？

答：最新版本已经去掉该报警，请确认是否安装的是最新版本。

43. SMO 测量最大变化值是什么意思？ 设置多少？

答：传感器测量范围由硬件设置，软件不用设置。

44. SMO 项目挂接注意事项？

答：1）挂接原则：基本原则是配置了某要素的观测设备就挂接该设备；

2）几个特殊的挂接：地面综合观测主机必须挂接；

3）能见度挂接：有两个地方选择，要根据能见度的接入方式选择对应的挂接。新型自动站中有一种，指能见度传感器通过采集器接入的；另一种是能见度传感器直接接入串口或串口服务器到计算机的。不能选错，否则看不到数据；

4）辐射挂接：新型自动站的辐射是直接接入采集器的，SMO 软件按照现行技术标准需要通过串口服务器接入，所以不能直接读取辐射数据。需要厂方更换接入方式。

45. SMO 质控参数如何设置？

答：1）质控种类：质控分为采集器质控和软件后期质控，是对于异常数据进行过滤和疑误信息提示；

2）采集器质控：重点要注意的两个：第一，测量范围有测量上限、下限、最大变化率，如果范围选择过小就会导致超范围的资料缺测；第二，质控参数中的存疑变化率、错误变化率、最小应该变化率等设置不合适会有太多的质控提示信息；

3）软件后期质控：在参数设置菜单下面的分钟极值、小时极值要根据本站的历史资料统计情况确定合适的数据，还可以通过导入功能从 OSSMO 软件导入参数。

46. 采集成功率低是什么原因？

答：1）采集成功率低的原因：由于计算机和自动站采集器的时钟差异达到 15 秒以上就可能导致观测数据采集率低的，造成分钟数据缺测，有可能影响发报；

2）校时机制：计算机设置与省气象网络中心授时服务器自动校时功能，确保计算机时间准确;SMO 软件会每天定时自动把计算机时间为准,对采集器进行校时;要关闭自动站的 GPS 授时功能,否则两边校时不利于采集器稳定工作,也会导致资料缺测;

3)人工校时:定期检查计算机与采集器的时间误差,如果自动校时不成功的情况下,人工将计算机的时间改成采集器的时间。

47. 采集器测量修正值有什么作用?

答:1)在新型自动站的采集器里对传感器采集的数据可以通过测量修正值对原始数据进行订正的功能,除了厂方初始化设置做好计算机备份以外,不要随意改变修正值,否则观测数据将出现系统误差;

2)翻斗雨量传感器有特殊的配置参数,与上条的测量修正值相类似,不能随意改动。

48. 对采集器标定、维护、停用操作有什么功能?

答:1)标定、维护、停用,这几项功能是对传感器的现场标校、设备维护、暂时停用、更换传感器等操作时,做记录并过滤期间的观测数据,不会把这些异常的数据存入实时数据表;

2)雨量计冬季停用,冬季对翻斗式雨量停用可以通过停用功能屏蔽数据,并在 MOI 参数设置中把雨量自动观测数据源选择为称重雨量计,即用称重雨量代替常规雨量观测。

49. SMO 历史数据下载花费很长时间都下载不完是什么原因?

答:软件从硬件下载历史数据 1 分钟约下载 30 条数据,如果软件与硬件间的数据链路有阻塞,下载历史数据时间可能将会延长。

50. SMO 很多要素提示超台站极值范围,应该在哪里修改极值参数?

答:台站极值参数在:菜单→【参数设置】→【分钟极值参数】或者【小时极值参数】。

51. SMO 数据归档主要归档哪些文件? 可不可以每天用来做数据备份?

答:将对 dataset、metadata 目录下的所有文件进行归档。可以用作数据备份,但不建议每天进行归档,因为当软件运行的时间长了以后,dataset 里面的数据文件将会很多。

52. 如果以前没有草温,现在新加的草温那个极值应该怎么设定?

答:SMO 的极值参数设置在【参数设置】→【分钟极值参数】/【小时极值参数】中。新加的草温极值的设定请按照业务规定进行设定。

53. 新型站 OSSMO2010 中的终端命令在 SMO 中还适用吗?

答:部分指令是相同的,有些指令已经变更,最新指令可参考《新型自动气象(气候)站终端命令格式》。

54. SMO 文件夹里的 backup,outlog,template,待发送文件夹分别表示什么意思? 用户手册里面没有这些文件夹的介绍?

答:outlog 是传送日志目录;template 是安装时候的临时目录待发送,中间件上传的目录 backup 存放着备份的配置文件。

55. SMO 软件安装完成后,打开串口超时或者失败,为什么?

答:(1)如果有串口服务器首先检查串口服务器工作是否正常,如果串口服务器不正常请联系设备厂家;(2)检查计算机串口是否被其他程序占用。

56. 如果没有能见度自动仪,综合判别观测项目是否有挂接?

答:不挂接。

57. SMO 中报警提示某要素超台站极值范围,需要在哪里改?

答:在 SMO 的"参数设置"下的"小时极值参数"和"分钟极值参数"中修改。

58. SMO 报警设置中,能见度报警,指的是单独的能见度吗?

答:单独的能见度。

59. SMO 参数是保存在哪个文件夹下?

答:SMO 的区站参数以及极值参数在设置好或者导入后将保存在 smo. loc 文件中,该文件存放在:安装目录→dataset→省名→台站名,目录下。因为 SMO 的系统运行需要使用该文件,建议不要随意手动修改该文件。

60. 分钟数据下载失败后,不进行重试,正点也不再自动对所有数据进行补收?

答:SMO 采集数据机制为每分钟 20 秒开始采集,如果等待 3 秒设备没有返回数据,则会自动补调 3 次,如果仍不能获取数据,软件会在每小时 40 分启动对缺测记录的自动补调数据任务。若经常出现缺测现象,建议按照通信、授时以及设备故障等次序依次排查。

61. 计算机和采集器不自动对时,造成时间误差较大后,采集失败次数明显增多,这时关闭采集软件再打开,会把前边一小段时间采集失败的数据补收,相隔时间太远的不补收?

答:SMO 软件重启后,会启动自动补调数据任务,能够自动判断是否需要补调数据,最多补调 24 个小时。同时在实时数据采集时,也会自动定时对当前数据进行补调。

62. SMO 下载历史数据太慢?

答:SMO 中历史数据下载任务在执行时,需要利用系统空闲时间,即在实时采集、质控、处理等任务执行之后进行,通常 2 秒一条数据,1 分钟约下载 30 条数据。但如果软件与设备之间的数据链路有阻塞,下载历史数据时间可能会延长。

63. 在 SMO 主界面中显示的要素不全,且只有分钟数据?

答:SMO 支持对显示要素的配置,可以软件主界面中"要素显示"界面进行配置需要显示的要素信息。

64. SMO 中如果取消某个传感器,是否需要在"观测项目挂接设置"栏把勾选取消?

答:是的。

65. SMO 软件参数设置一分钟极值参数、小时极值参数中的整行修改的放大倍数功能只是保留小数位数,还是真正放大?

答:只是保留小数位,放大 10 倍只是为了输入方便,并不是将数值放大 10 倍。

66. SMO 里面设备维护、停用相关信息,会上传吗?

答:不会,只有数据流传才会上传操作信息。

67. 新型站,设备维护、停用,还需要填 ASOM 吗?

答:ASOM 按照各省业务规定执行。

三、MOI 篇

68. MOI 数据源目录路径如何设置?

答:在 MOI 参数设置中,找到"SMO 数据目录"项,路径设置到区站号目录级别,例如 d:\smo\dataset1\北京\54511。

69. 分钟实时入库的参数怎么设置?

答:在 MOI 软件数据源目录路径设置保存后,重新启动 MOI 程序,系统自动设置分钟实时入库的参数。

70. 蒸发加水以后,MOI 软件怎么处理?

答：在 MOI 自动观测界面有加水后水位调整按键。直接加水后点击"调整"按钮即可。

71. 能见度一直是 10.0km 以下,07:57 开始相对湿度在 80% 以下,为什么霾天气现象从 08:07 开始记录?

答：视程障碍综合判断用的是 10 分钟滑动平均的能见度,而不是分钟能见度。

72. 9 月 10 日的版本升级到最新版本的时候,台站参数是否需要重新配置?

答：新版本配置文件目前已经考虑向下兼容的,但是由于 9 月 10 日版本太老,不能完全兼容,需要重新手工配置。

73. 大风时间如何查询?

答：在 MOI 的常用工具中有"大风记录查询"功能,可以查询 FJ 文件。

74. Z 文件有备份吗? 存放在什么位置?

答：Z 文件有备份,在 MOI 软件包目录下的 Zbak 目录中。

75. MOI 软件升级后,为什么能见度数据缺测?

答：根据硬件情况,检查参数设置中能见度来源,正确选择新型站能见度或独立能见度。

76. MOI 软件值班管理员默认用户和密码是多少?

答：默认用户是 admin,密码是 dmqxgc('地面气象观测'的小写拼音首字母)。

77. 微量降水时段是不是要人工录入?

答：按规定微量降水要输入。

78. 菜单中"升级 sqlite"的功能是什么?

答：此功能针对 9 月 10 号前的版本(含),后期版本不再使用。

79. MOI 软件提示 "attempt to write a readonly database" 或者"Access to the path 'xxxx' is denied",如何解决?

答：将 MOI 软件包下 AwsDataBase 和 Configure 目录的只读权限去掉即可。

80. MOI 软件中辐射分钟数据显示不正常如何处理?

答：使用 MOI 软件提供的"时差计算工具",计算本站时差,并将计算结果填入 SMO 的"参数设置"→"区站参数"→"地方时差"输入框。

81. MOI 中能见度数据选取如何设置?

答：SMO 软件"观测项目挂接设置"中,勾选挂接"/新型自动站/常规气象要素/能见度传感器"则 MOI 中能见度数据来源选择"新型站能见度";

勾选挂接"/能见度"则 MOI 中能见度数据来源选择"独立能见度"。

82. 审核规则库怎么导入?

答：在"参数设置→台站参数"的规则审核库页,有导入按钮,选择 OSSMO 的 SysLib. mdb 导入即可。SysLib. mdb 需要有本站的审核库规则才能导入成功。

83. 值班信息的开放修改权限管理员和密码是什么啊?

答：默认用户名是 admin,密码是 dmqxgc('地面气象观测'的小写拼音首字母)。

84. MOI 每天做数据备份时,该选哪些文件?

答：备份文件包括 Configure 整个目录、AwsDataBase 目录、ReportFiles 目录、ZBak 目录、Synop 目录和 Aviation 目录。

85. 请问 ISOS 软件只有在每天 20 时进行整点数据维护的时候输入的天气现象才保存在日数据维护中,其他时次不保存对吗?

答：现在是每个小时都可以保存。

86. 参数转换工具做什么用的？

答：不运行 MOI 软件,用这个工具将 OSSMO 的台站参数导入到 MOI 软件中。

87. 业务软件里面的历史气候数据有没有办法导入？

答：在 MOI"参数设置→台站参数"报文编发参数页,通过"导入气候月报参数"按钮,导入 OSSMO 中 SysLib. mdb 数据库中的历史气候数据即可。

88. 新型站有能见度仪是否要选视程障碍判别项为自动？

答：是的。

89. "值班员导入"功能应该导入数据库文件吗？

答：导入的是 OSSMO 的 OperationInfo. txt 值班员文件到 MOI 数据库中。

90. 为什么现在 1.4 版本的业务软件蒸发水位调整按钮是灰显的？

答：下次正点的时候该按钮可用。

91. 一般站 02 时、08 时、14 时输入的天气现象,在日数据文件中没有,而 20 时输入时,在日数据文件才能看见,请问是软件的原因,还是系统问题？

答：现在软件中每小时都可以保存。

92. 大风重要报,程序自动发,还是人工发？

答：人工发。

93. MOI 软件会不会自动发雾\霾的重要报？

答：MOI 软件提供视程障碍类天气现象重要报的自动编报。

94. 20 时进行完正点数据维护后,是不是直接提示进入常规日数据？

答：是的。在编报提交发送之后,会提示进入常规日数据界面。

95. 右下角黄色的分钟实时入库能关掉吗？

答：不能关掉。

96. MOI 软件重新安装步骤？

答：1)关闭正在运行的软件 MOI、MOIFTP 程序;

2)将 MOI 和 MOIFTP 目录全部拷贝到其他盘目录下;

3)卸载 MOI 软件,重新安装;

4)安装后,将备份的 MOI 下的 Configure 目录、AWSDataBase 目录、MOIRecord 目录拷贝到新安装的目录下并替换。将备份的 MOIFTP 下的 MobileNum. xml 拷贝到安装目录并替换。

97. 在 MOI 中自动观测数据源如何选择？

答：1)雨量有翻斗和称重两类传感器,通常以翻斗为主,冬季可以改成称重替代翻斗,因此在对应的下拉框中选择正确的选项;

2)能见度传感器接入方式不同,有独立能见度和新型站能见度两种,无锡厂的能见度一般是通过自动站采集器接入,因此要选新型站能见度,如果是华云的产品通过串口服务器接入的话,要选独立能见度。要与 SMO 的挂接对应选择,否则数据采集不到,造成缺测。

98. 在 MOI 中天气现象的观测种类如何选择？

答：参数设置中有降水类现象、视程障碍现象、其他现象,这是对应 SMO 的自动观测输出而言的。如果安装了天气现象仪可以选降水现象为"自动",安装了能见度就可以选视程障碍现象为"自动",处理以上两类现象以外的都归入其他类,如大风等,根据大气探测要求,其他天气现象选"人工"。

99. 分钟雨量如何人工修改?

答:当自动观测的雨量出现异常需要人工修正时,可以通过点击正点观测编报界面上雨量蒸发栏目中的"修改"(原来是分钟)按钮,软件提供了当前 1 小时每分钟数据表,可以人工修正数据并保存。

100. 在 MOI 软件中"称重代替翻斗"如何使用?

答:在正点观测【称重代替翻斗】按钮。当 08 时、14 时、20 时观测时,且台站参数中的定时降水设为人工,此按钮开放,提供称重雨量的记录直接代替时段合计雨量。

101. 在 MOI 软件中观测项目定时降水如何选择?

答:按照新规定,定时降水有自动站的选"自动",没有的话,选"人工",不能选"无"。

102. 天气现象软件是如何处理的?

答:保留雨、阵雨、毛毛雨、雪、阵雪、雨夹雪、阵性雨夹雪、冰雹、露、霜、雾凇、雨凇、雾、轻雾、霾、沙尘暴、扬沙、浮尘、大风、积雪、结冰等 21 种天气现象的观测与记录。取消雷暴、闪电、飑、龙卷、烟幕、尘卷风、极光、霰、米雪、冰粒、吹雪、雪暴、冰针等 13 种天气现象(同时取消相应的现在天气现象电码 04、08、13、17、18、19、29、38、39、76、77、79、87、88、91—99 和过去天气现象电码 9)。目前天气现象精简为 21 种,部分实现了自动观测,还有部分需要人工观测输入。MOI 提供了三个地方的天气现象输入界面。

1)天气现象栏,天气现象随测随记:在主菜单上提供【天气现象】功能,天气现象界面分为夜间和白天两栏,建议天气现象查看、输入、修改操作尽量在这个界面中操作。对自动记录修改:如果自动记录的现象不符合实际情况或格式上有问题,可以通过人工修改并保存数据库中。

2)正点观测,在正点观测界面也有天气现象修改界面,主要用于天气现象自动编码,其结果也会保存在数据库中,供"常规日维护"调用。

3)日数据维护,常规日维护界面提供了全天的所有观测数据的查询、修改,其中也提供了当天天气现象的修改和检查。这里作为当天的最终结果存入数据库和转换成 A 文件。

103. 重要天气报如何编报?

答:1)重要天气报种类:现行规定编发 5 类重要天气,有大风、雷暴、龙卷、冰雹和视程障碍现象(雾、霾、浮尘、沙尘暴),取消降水、雨凇、积雪的编发;

2)雷暴、龙卷出现时,记录在值班日记中,作为编发的依据;

3)视程障碍类天气现象实现自动判别的观测站,该类重要天气现象由业务软件自动编发。除了视程障碍现象的重要报软件自动编发以外,其他都由人工编发,其中大风出现大到标准的记录软件自动跳出窗口,但需要人工确认和编发;

4)基准站、基本站夜间(20—08 时)时段重要天气报告的编发按照一般站规定执行。

104. 航空危险报如何编报?

答:1)云的输入方式,采用累积云量输入方式,即根据 DG-21 的技术规定,符合 0、4、6、10 的云层累积云量编报规定输入,只有积雨云和浓积云编报可见云量;

2)能见度和其他观测要素的输入,能见度以百米为单位,按照规定由人工观测数据输入,不提供自动观测数据;

3)天气现象种类,航空报的天气现象还是按照原有的 34 种规定;

4)首份航空报代危险天气,在首份航空报编发中,如果之前有危险天气存在,需要在区站号组前编发 99999 XXXXW2 的编组,软件提供了一个复选框,遇到上述情况只要打上勾就自动添加时间现象组;

5)航空报传输方式,航空报的传输方式各省有所不同。本软件的配套 FTP 传输软件只提供了通过内网发送航空报的功能。如果测报计算机利用安全网络设备接通外网传输到服务单位的话,也可以利用 FTP 发送功能进行传输。

105. 器测能见度有误,但是已经自动编发了视程障碍类重要天气报要怎么修改?

答:按照《地面气象观测业务改革调整技术规定》,不需要修改。

106. 如果遇到生成的 PDF 文件是 1KB 然后不能打开,怎么解决?

答:退出 MOI 软件,找到 MOI 安装目录下的 WeatherSymbol. ttf,双击并在弹出对话框中点击"安装",再重新启动 MOI 软件,重新生成 PDF 报表即可。

107. MOI 中本站地平时和 OSSMO 2004 计算的地平时相差 1 分钟,人工计算的差 1 分钟?

答:四舍五入数值导致,现已经更正。

108. 日数据维护中,电线积冰测量时仅有一个气温、风资料录入框,如果东西、南北方向分两次分别测量的话,不需要分别录入测量时的气温、风资料吗? 软件是怎样保存该资料的?

答:关于电线积冰,输入一组就够了。

109. 修改 MOI 里的分钟雨量,小时雨量合计缺测?

答:分钟雨量如果有任意缺测值,小时雨量合计仍为缺测。

110. 经度、纬度精确到秒级,如果秒大于 30,地面月报表中"分"会自动四舍五入吗?

答:会四舍五入。建议台站参数设置中如果没有精确到秒,手工补输入 00。

111. 在各定时时次输入的云量、能见度均不会保存到常规日维护中?

答:输入完成之后要编报保存。

112. 能见度持续几小时小于 10.0km,无视程障碍现象,也无其他天气现象?

答:(1)检查 SMO 中视程障碍判别是否挂接;(2)MOI 参数设置中视程障碍类现象要设置成自动。

113. 自动观测界面气温和露点温度值可自动获取?

答:是可以自动获取,但是需要在到点时刻延迟 40 秒左右才能自动获取。

114. 航危报用报单位如何删除?

答:一种是双击用报单位的每个单元格,每行的单元格独立删除之后,保存。(将来会加上整行删除);另外一种是选中需要删除的行后点击 Delete 键。

115. 天气现象功能栏可以提前录入较多的天气现象供人工观测使用,但不能保存?

答:录入天气现象的时间不能超过当前的系统时间,如果超过了当前系统时间,软件会自动截止到当前时间。

116. MOI 软件中,常规要素中每日逐时数据经常无法自动读入?

答:如果数据为缺测,请通过该界面上的"补调"功能直接从 SMO 数据源获取数据。

117. 不需要记录出现时间的天气现象,如轻雾、霾等,软件中记录了时间。怎么办?

答:实现自动观测的天气现象都是自动记录时间的,是为了方便系统自动生成正确的天气现象编码,不影响报文的正确编发,人工观测天气现象以地面气象观测规范为准。

118. 云量为 10/10,出现雾时云高不能输"X"?

答:目前软件中所有需要输入"X"的地方都用"—"代替。

119. 自动蒸发:清洗、加水、取水应怎样维护?

答:在 SMO 中设备管理→设备维护→开始维护,选择大型蒸发传感器并填写相关内容。

120. 参数设置省定重要天气大风发报标准为 28m/s,编报时提示"风速要求大于大风重要报的始发标准"?

答:编报界面风速要扩大 10 倍输入。

121. 日照时数>1.0 时,软件默认通过?

答:日照数据是扩大 10 倍输入,如:1.0,表示 0.1。

122. 定时观测中录入有低云量无云高,保存无提醒能通过。

答:当有低云量必须有总云量(软件会提示),定时时次,总云量,无自动云高时,云高记录做缺测处理(不提示)。

123. 雾必须要输最小能见度,但我站是高山站不需要记录最小能见度?

答:现在必须输入,如果自动天气现象会自动输入。

124. B 文件和 C 文件的用途?

答:C 文件主要是存储 SMO 从新型自动站、云、能、天、辐射等设备采集来订正的原始数据,以及天气现象整理的初始数据;B 文件主要是用于 MOI 处理过的中间数据。

125. 为什么 SMO 天气现象综合判别有内容,而 MOI 天气现象综合判别是无?

答:在 MOI"参数→台站参数→一般观测项目"中视程障碍类天气现象选择"自动"。

126. 航空报中器测能见度不能自动获取?

答:航空报采用人工能见度。

127. 质量报表从排班表中统计,不是从值班日记中统计?

答:随着新考核办法的确定,软件会在未来升级时对值班日记、质量报表等功能进行修改和完善。

128. 长 Z 文件、重要天气报等不能打印?

答:软件中长 Z 文件、重要天气报、日数据维护均取消打印功能,报表文件形成 PDF 格式报表后打印。

129. 20 时日数据维护无合计、平均项目,气簿-1 是否抄录?

答:按照《地面气象观测业务改革调整技术规定》,实现自动化和取消的项目不抄录,其他按照原来执行。

130. MOI 中 14 时正点人工维护栏无法提取自动站数据,补调也无法进入数据,正点一分钟后数据采集进来。自动观测界面数据显示正常,就是人工输入界面没有数据?

答:SMO 在每分钟的 20 秒开始自动站数据的采集、质控和处理,一般能在几秒完成数据文件的存储,随后 MOI 在 50 秒左右获取数据文件中的自动数据。但是如果设备不能及时响应,就可能会影响人工输入界面中数据显示。

131. MOI 中雪深定时数据维护时保留一位小数扩大输入,日数据维护时能取整吗?

答:日数据维护时不取整,在 A 文件中会自动取整。

132. 有时 MOI 正点人工录入界面会出现某个要素缺测,而 SMO 主界面的图表框又显示有数据?

答:MOI 正点人工录入中显示的是正点小时数据,而 SMO 主界面中图表框显示的是分钟数据。若经常出现缺测现象,建议按照通信、授时以及设备故障等次序依次排查。

133. 在 MOI 定时观测时次,不能录入人工观测的能见度值?

答:当能见度设置为人工时,只能在 5 个定时观测时次进行修改,其他正点不能修改;自动能见度可以在正点修改。

134. 酸雨软件怎么读取不到风的数据?

答:1)酸雨的软件要和 MOI 在同一台计算机上,并且在 MOI 参数设置中正确设置"输出酸雨资料"。2)一天以后才能完整的读到数据。

135. MOI 软件提示"酸雨注册信息导入失败,请手动导入注册表信息…"?

答:在 MOI 目录下,双击"OSSMO2004reg. reg"文件导入有关酸雨软件的注册表信息。

136. 如何避免重新安装和换电脑安装 MOI 软件之后,重新发送已发送的重要报?

答:将正在使用的 MOI 软件的 MOIRecord\TaskRecord. xml 文件备份出来,并在重新安装和换电脑安装之后覆盖到相应目录下。

137. 视程障碍综判结果是能见度的二次滑动平均,那么定时值是一次 10 分钟滑动平均,还是 10 分钟平均(非滑动)?

答:定时值是正点前 15 分钟 10 分钟平均能见度,挑取的最小值。

138. 请问 ISOS 软件的月报表是否只上传 AJ 文件?

答:ISOS 软件的月报表就上传 AJ 文件,具体以你们省局业务处规定为准。

139. 基本站,常规要素里面有云高数据,为什么生成的 A 文件里面没有云高数据?

答:由于之前 A 文件中云高要录入云状,现在云状取消了,关于云高这个数据段的格式还没有正式规定好,A 文件云高没有,现在是正常的。

140. 地面月报表点击加载 A 文件总弹出"加载 A 文件失败"?

答:检查 A 文件格式,是不是人为修改了,比如有空格等原因。

141. MOI 从常规要素形成报表,定时降水量设置为自动,形成报表后,在查看报表时候,定时降水量选项就变成"人工"的了,而且无法修改?

答:现在报表中定时降水量显示为人工正常的。

四、MOIFTP 篇

142. MOIFTP 的参数设置中的短信串口配置是什么意思?

答:用来进行短信报警的,需要有相关的短信网关设备支持。

143. 如何备份 MOIFTP 中的配置参数?

答:备份 MOIFTP 可执行文件同级目录下 MobileNum. xml 文件。

144. ping 网络不通,FTP 测试成功,文件不能发送?

答:有可能接收方的服务器或网络防火墙屏蔽了 ping 测试网络的功能,需要通知接收方的不要屏蔽测报业务计算机发出的 ping 指令,这样就可以保证实施通信链路监测,确保网络畅通,有故障及时报警提示。

145. 3G 通信为何找不到路由,发不出文件?

答:当需要通过 3G 通信实现应急备份通信时,先要安装 3G 通信的硬件,配置好 FTP 的服务器地址、远程目录、用户名、密码等参数。如果接收方的网络地址不在同一个段,网络交换机没有设置路由的话,需要本机上添加通信路由(使用 route add 指令),通过测试传输成功才可启用此功能。

　　route add xxx. xxx. xxx. xxx mask 255.255.255.255 yyy. yyy. yyy. yyy － p

　　xxx. xxx. xxx. xxx:对端接收文件的 FTP 服务器地址;

　　yyy. yyy. yyy. yyy:网关地址

　　如浙江省台站添加路由指令:

　　route add 122.224.174.179 mask 255.255.255.255 192.168.8.1 － p

　　146. 为何通信软件很卡,没法操作?

　　答:这种情况的出现很可能是在 MOI\AwsNet 的文件目录下有需要发送的文件,但是网络通信有故障,或通信参数没有把配置好,软件发送文件超时监测导致的。首先从操作系统的任务管理器中把 MOIFtp. exe 进程中断,把 MOI\AwsNet 文件夹中的文件拷贝出来,清空目录;然后检查通信链路状况排除通信故障,或正确配置 FTP 通信参数,测试成功以后再开启 MOIFTP 软件。

　　147. 若跨日 08 时补传报文后,发报记录仍显示缺报状态?

　　答:45 分钟内必须补发,否则就是缺测处理。

　　148. MOIFTP 可以传输哪些文件或报文?

　　答:MOIFTP 支持"重要报"、"Z 文件"、"航空报"的传输。

　　149. 航空报如何传输?

　　答:MOIFTP 传输软件提供了通过内网发送航空报的功能。

　　150. 有时会出现迟发报情况?

　　答:迟发的问题原因可能比较多,如网络情况,设置的延时等。

　　151. 3G 通信显示红色,重启了 3G 通信机和本站电脑不管用?

　　答:检查 3G 通信机中 SIM 卡里是否有费用。

　　152. FTP 测试通过,但发不出文件?

　　答:需要检查 MOI 的目录设置是否正确,如果路径不对找不到文件目录,就会导致文件不能发送。

　　153. 重要报和 Z 文件路径都是一样吗?

　　答:重要报与 Z 文件是否相同目录要根据本省的情况来定,有的是分开的,有的是一样的。如果是一样的,那么重要报和 Z 文件的通信参数都要填一样的。

　　154. 什么情况下启用 3G 备份?

　　答:"启用"(勾选此项)3G 备份通信是应急用的,这个功能是与专门的 3G 通信报警一体机配套使用的。当主通道发生故障,不能发送或发送失败的情况下,软件自动切换到 3G 传输,对应在省网络中心也要有接收文件的 FTP 服务器。

　　如果有更好的备份应急通信方式也在这里配置通信参数。如通过移动互联网或 VPN 专网发送,起到应急备份的作用,确保不漏报。

　　155. 要启用软件监控吗?

　　答:最好"启用"。这项功能提供了对于业务采集和业务数据处理两个软件的监控,万一业务软件没有开启或夜间由于以外原因退出了,就可以自动启动,防止漏传 Z 文件和重要报。